出版人
出版動力集團有限公司

業務總監
Vincent Yiu

行銷企劃
Lau Kee

廣告總監
Nicole Lam

市場經理
Raymond Tang

編輯
Valen Cheung

助理編輯
Zinnia Yeung

作者
出版動力集團編輯部

美術設計
Mr. Hun

出版地點
香港

披露批發價和入貨竅門
帶你「揹窿揹罅」香港搵批發

講到大陸及東南亞知名的批發市場，深圳有東門、華強北；東莞有虎門服裝批發；中山有古鎮燈飾；浙江有義烏；南韓首爾有「東大門」、「南大門」。那香港的批發市場呢？除了水果蔬菜、鮮魚肉類之外，香港並沒有太多專業的批發市場，有些產品的批發商，會以貿易公司的形式去經營。所以，如果你是行外人的話，就並不容易接觸到他們。

有見及此，本社走訪了各行各業的批發商和貿然公司負責人，讓他們教大家經營該行業的零售竅門、開戶條件和批發價等等。在訪問中，把行內秘密，完全披露。看完本書後，如果你開舖頭做零售生意，就不會覺得在找貨源時，完全無從入手。

任何行業，只有「成行成市」聚集一處，銷售總量才會大幅上升，才更加能吸引買家。即使香港未有專業的批發市場；但仍然有其一個行業的批發商經營地舖，把某地區，變成該行業的批發入貨集散地。

優良體制令香港這彈丸之地，擁有排名世界前二十強的進出口貿易，領先加拿大、俄羅斯、印度等大國。香港有低稅制和自由港，亦有良好的商譽，所以很有條件發展各行各業的專業批發市場。不過，在這之前，就由本社帶大家「揹窿揹罅」搵批發！

Content

深水埗搵批發

荔枝角搵批發

香港仔搵批發

Content

Content

深水埗
搵批發

搵批發去深水埗
隨時尋找到你的「心水寶」

　　雖然香港除了蔬菜魚肉有專營的批發市場外，就好像沒有其他專業的批發市場；但講到在香港要找成行成市的批發商，第一時間便應該想到深水埗。深水埗你只認識高登和黃金電腦商場？其實，很多年前，深水埗係香港成衣配件採購集中地，以衣服飾物配件為主。配件採購店舖主要集中在荔枝角道及長沙灣道中間，由楓樹街到欽州街都可以找到配件批發的店舖，所以附近的人都統稱那一帶做「布街」。所謂「布街」，是指基隆街、汝州街、南昌街一帶地方，隨了布料外，每條街都集中售賣各種配料。故分別又稱「鈕扣街」、「珠仔街」和「花邊街」，有意思吧！

深水埗批發變變變

　　深水埗早年曾是本港小型工廠的發展區，50、60年代有不少紡織及製衣廠。至80年代末，工廠紛紛北移，深水埗開始變為成衣批發集中地，區內介乎欽州街至黃竹街的一段長沙灣道，更有時裝街或成衣街之稱。那個年代的批發商生意模式，向大型製衣廠以3至4元一碼的價錢買布，並以來價高約2元的價錢轉售予小型製衣廠做衣裳。80年代是布業如日方中的時代，在那裡擺檔的人，試過日賺萬元，生意做到無停手。

　　90年代工廠北移，深水埗區漸漸只剩批發零售店，不少貨品均在內地城市製造後，運回香港加上標籤，或屬本港製造的便宜服飾。港商北上發展，令本港布業開始走下坡。當時在那裡做批發的商戶，最壞情況試過一天只得40元生意。有很多人本來以為捱唔住會結業，但後來經電視台介紹，出奇地，世界各地遊客就來到訪。

　　時至今天，有很多顧設計的學生去那裡定時買布。雖然有些老商號，經營的人也年逾50；但卻緊貼潮流，利用WhatsApp與學生溝通，只要學生傳相要求訂購某類布匹，商戶就可以即時預留。除了布和衣服飾物配件外，你在深水埗還可以找到時裝和玩具批發，在這個章節裡，我們也會介紹介紹。

深水埗批發攻略：珠仔

如果你喜歡做小手工，就算你未去過；但一定都聽過珠仔街！位於北河街與南昌街交界的汝州街，人稱珠仔街。大約有幾間專賣珠仔的店，以售買膠珠、木珠、仿真珠為主，買幾多計幾多，DIY人可以隨意配搭。有些店是專賣水晶及小配件，水晶有分平貴，較貴的是司華洛奇水晶，平的是其他地方入口的晶石，買時記得問清楚。批發零售兼營的店，你買得多，記住問個靚價。

深水埗批發攻略：鈕扣、織帶、服飾配件

走過橫街大巷，你不難發現紮根此區逾半世紀的老字號及隱世名店。其中曾賣鈕扣的天富鈕扣廠，十年前順便賣珠仔，吸引日本電視台的採訪後，成為汝洲街賣珠仔名店之一。店內不但出售近百款珠仔、綑繩及各式各樣的服飾配件。

深水埗批發攻略：金屬配件及皮革

你會發現好多從未見過的金屬小配件，很多金屬配件店都是做批發，所以大部份都不賣少數量，不過你可以用買辦為借口試試看！你也會找到數間專賣皮革的店舖，一般都沒有漂亮裝潢。要買一大片，不可以買小片。

深水埗「布街」批發入貨小貼士

大部份店舖是以批發為主，只有小數以零售兼做。點樣一睇就分得出呢？好簡單，你見到間舖人迫迫水洩不通，都是以零售為主，店員會把配件包裝分成了一小包，打上價錢；而批發的店通常不會寫上價錢，因為價錢是以批數數量計算。

專做批發的舖，通常是Office+舖面二合一，你可以見到員工忙得不可開交地用普通話跟大陸廠談著。要注意的是，有些批發店是謝絕零售的，不過，如果你是買辦的話就可以買小數量(海鮮價，他說幾多就幾多)，所以有時要懂得扮買手，一般會獲得較好待遇。

如果你真心想去找批發，你就要有時間觀念喇！因為專做批發的商戶，開舖時間，真的好似Office返工時間，星期一至五，黃昏6點鐘就會準時關門收工，而星期六就由上午開到兩三點左右，星期日更加會全日休息。當然，零售批發兼做的舖頭，如珠仔街某幾間舖頭，會開得長時間一點，星期一至日都會開，大概晚上7點左右才關門。

如果你冇打算扮買手，只是想去珠仔街買D珠仔做下手作仔，咁就唔好帶太大個手袋或背囊去喇，尤其放假日子，會有好多好多人，舖頭走廊窄，好難出入。坐地鐵去好方便，深水步地鐵站A2出口，上地面一直向前行，過咗馬路就到汝州街，即係珠仔街。

我愛 深水埗

深水埗製衣材料批發集中地
鬼妹計設師展開「尋寶之旅

平、靚、正是吸引世界各地旅客來港購物的原因；不過講到時裝，就要夠潮夠新夠創意。創意無價，只要你功力夠，拿著爛布都可以變潮流。來自澳洲的時裝設計學生Jessica眼中，本地潮流焦點不在尖沙咀或銅鑼灣，而是在舊區深水埗。留港交流期間，她在深水埗大街小巷展開「尋寶之旅」，發掘價廉物美的布料，並從舊區生活中得到靈感。一頭橙髮碧眼的Jessica走在深水埗街上，分外顯眼。一個鬼妹雀躍地衝入專賣布料、製衣配件的基隆街夾黃竹街小販市場，在不同的攤檔搜羅布料，吱吱喳喳地熱烈討論，然後又走入附近的布行，即時買下數款拉鏈作設計之用。

又平又靚咩都有
釦子、珠片、魔鬼魚皮都搵到

　　來自澳洲的Jessica，攻讀時裝藝術學士，來港做交流，完成半個學期課程。由於校址接近舊區，所以在這短短的幾個月，她探索的地方與一般遊客不同，反而以深水埗的大小街道、小販市場為主，以尋找布料和靈感。

　　訪問Jessica當天，她興奮地說：「對於我們這些時裝設計學生而言，這裏簡直是天堂！真的甚麼都有，釦子、珠片、皮革等。有次我們還找到魔鬼魚皮！」她指即使是外國的跳蚤市場，也不及這裡豐富。Jessica從未遇見過如此價廉物美的布料市場，外國咩都貴過人，這也難怪她係香港咁興奮。

從深水埗港鐵站A2出口沿北河街直走，至汝洲街轉左，穿過南昌街，至石硤尾街與基隆街交界，有一列零售布疋的攤檔 (汝洲街有為數不少售賣DIY飾品的街舖)

談到服裝風格，Jessica都大讚港人衣著顯露個人風格，色彩配搭和剪裁亦大膽創新(哈，小記當天只著T-shirt牛仔褲，也許她見得在香港的設計系同學太多)。

Jessica再補充：「香港人喜愛用顏色或質料互撞的方法凸顯自己風格，又自行把襯衫剪成背心，很有創意；反觀澳洲可能太追求主流風格。」在準設計師眼中，「潮流」是不追逐主流，而是忠於自己的創造。

她們亦發掘出本港「非主流」的一面。從未踏足亞洲的她，直言「香港人的生活步伐較悠閒」，但見記者咋舌的表情後，才傻氣地補充一句：「可能我較少到中環等地，但香港的確有一部分是這樣的！」(我當時心想，深水埗人口老化，見阿公阿婆多，感覺悠閒真的不出奇)

Jessica又說，香港的文化與澳洲不同，如香港學生很愛笑，「甚麼事也笑一番，引得我們也哈哈大笑。」她坦言在港生活的每個新元素，都成為靈感來源。

也有不少少數族裔在這裡購買布疋造衣。

零售花布的攤檔檔主開工時間

星期一至六早上9時至下午6時 (如下雨，會因應天氣情況提早關門)
星期日休息。建議在夏季時，下午2時半後才去逛，否則上午時太陽日直當空，行人大汗淋漓。

香港深水埗變身韓國東大門

深水埗於八、九十年代 曾是最鼎盛的製衣材料批發集中地，亦是外國買家採購輔料、花飾、鈕扣的熱點之一。但隨著港廠北移，至近年歐美多國相繼出現經濟問題，深水埗市況已風光不再。於是紡織及製衣業界組成「服裝發展委員會」，首要計劃之一為打造深水埗成為如同南韓東大門一樣的時裝採購綜合中心，吸引區內設計師及買家購置原材料。

搞時裝設計須平衡創意與商業

外國學生視香港為「時裝綠洲」，本地設計師卻不敢苟同。Jessica的導師之一本地時裝設計師鍾銘洪表示，時裝講究創意，但是從事時裝行業更需要商業考慮。「服裝同時裝唔同，服裝係著上身的衫，而時裝係有表達性的衫，凸顯風格。」鍾銘洪把「衣服」分作多個層次，坦言本地設計師的路並不易走，「以前著衫只係蔽體，依家講究創意，但同時要符合商業原則，當中的平衡點唔容易掌握。」因此他總提醒學生在天馬行空之餘，也要顧慮現實市場。

至於對香港的時裝，鍾銘洪明顯與Jessica看法不同，他認為部分港人穿衣會盲目趕潮流，他希望這裡獨有的豐富布料資源，可以令時裝界在香港發展得更繁盛。

長沙灣道成衣入貨集中地

　　深水埗地下鐵站，長沙灣道出口，在黃竹街至欽州街一段長沙灣道兩旁大廈的地舖，整條街，都是做成衣批發。深水埗區，是本港最早開發的商業及輕工業中心之一，所以該區部分商舖仍保留著傳統作業模式，相比於其他大型批發中心而言，另有一番景致。很多批發商，都不喜歡零售客到訪；但是在深水埗這些商舖，因為在地舖關係，所以兼營批發及零售業務，除時裝店主及出口商到來大量採購外，亦吸引不女士前來選購衣飾，成為購物消閒的好去處。

香港的零售商會常到外地入貨採購，原來也有很多外國人來香港入貨啊，而且數量亦絕對不少呢！

不少旅客亦慕名而至，令長沙灣道這個時裝批發集中地成為一個富有本土特色的旅遊購物點。不過，前來採購的人要注意，那裡所批發的款式，以中年的女裝為主，如果在那裡要找潮流時款，可能會多花一點時間。

這裡的交通，有時候都很繁忙，因為經常有貨車為批發商上落貨。

這應該是一個特色，每一個批發商也用很大的膠袋，有些買家從批發商出來的時候，膠袋滿滿的，太重了，乾脆放在背後，掛在肩膀上，自製一個大背囊。

有些斷碼貨或次貨，會放在門口平價益街坊，隨時俾你搵到件筍嘢都唔出奇。

21

香港玩具批發最多的深水埗

　　深水埗是香港的玩具批發集中地，所有本地批發也在這裡。大眾化的、由祖國生產的量產型、模仿型及原始型，都可以在這條街上找到，而且還有大量極之傳統、懷舊的小玩意。一踏入福榮街，大家已可以看見路旁多得不得了的貨品，而後面的店舖就是各大大小小的批發店。這些店也兼做散賣，價錢也比商場店舖便宜一些。這裡的玩具特色是，雖多數不是什麼大廠出品，但設計就很有趣，極大眾化，令人看後很有親切感！

新簇簇$20蚊一個真皮足球,雖然係唔係名牌;但係可以肯定,平常在任何一間體育用品舖用這個價買唔到。

很多氣槍發燒友都會來這裡,因為這裡有間專賣店。成班人打War Game,一批批買,當然有批發價啦。

這裡大部份的舖頭都零售批發兼做。有些舖頭,只要你在裡面買滿港幣$300蚊,就算同一款貨品數量不多,也可以獲得批發的折扣。當然不同舖頭會有不同的處理方法。如果你想要大量同一款貨;而舖頭又冇咁多貨,你可以找舖頭代訂,留點按金,貨到時便會致電給你取貨。

新玩具你會找到,有時在這裡尋下寶,找到絕版現貨也不出奇。

這裡有些舖頭會直接和大陸廠家聯絡,價錢可能會比你自己返上廣州買貨貴少少;但計落慳翻唔少時間和精神,一樣有著數。

不要太晚去啊,六點打後,這裡的舖頭便會開始陸陸續續地關門。

深水埗批發地圖

■ 布
■ 珠仔 / 水晶 / 小配件
■ 服裝批發

■ 電玩 / 電子零件
■ 皮 / 五金配件 / 珠片
■ Lace / 絲帶 / 鈕扣 / 服裝配飾

■ 雜貨店

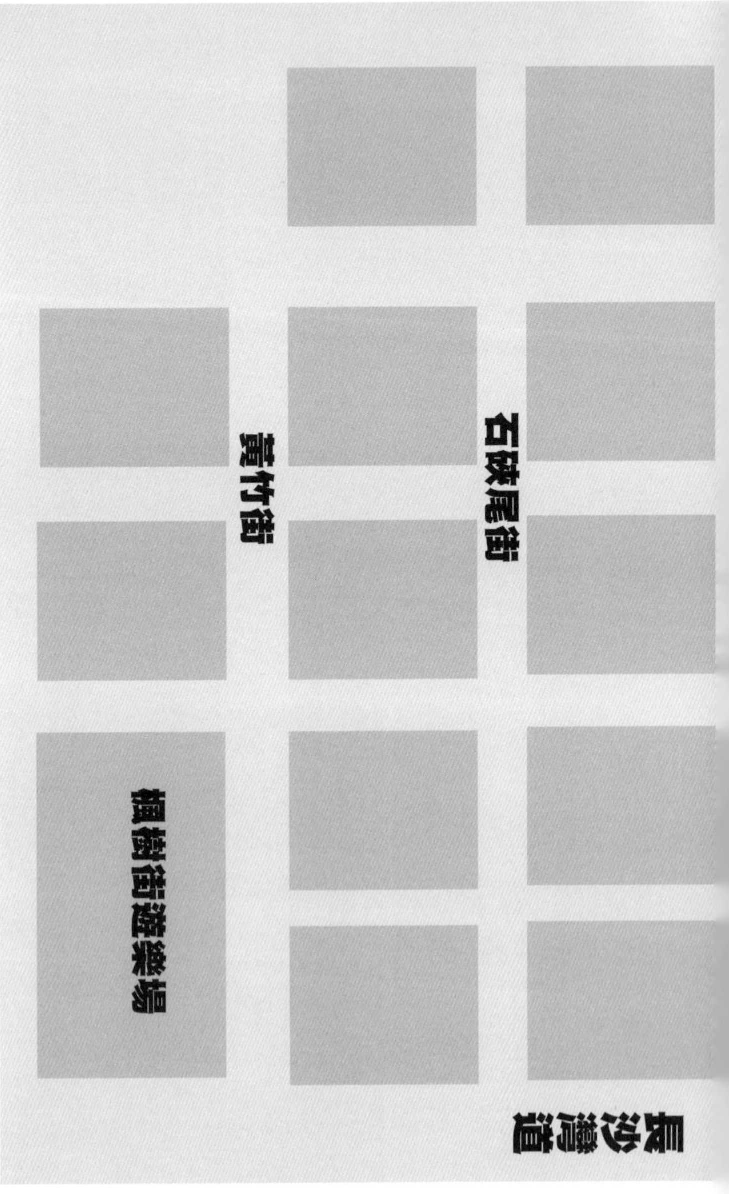

石硤尾街

黃竹街

楓樹街遊樂場

長沙灣道

警署

荔枝角道

歐洲街

西九龍中心

大南街

桂林街

北河街

基隆街

政府合署

汝州街

鴨寮街

深水埗地鐵站

荔枝角

搵批發

中日韓時裝批發
荔枝角香港工業中心

　　如果你是行外人，聽到香港工業中心這個名，應該不會聯想到和時裝可以拉上關係。在深水步過兩個地鐵站，九龍荔枝角青山道489-491號 (港鐵荔枝角站C出口)，這座平平無奇的工業中心，裡面其實是不少時裝內行人都讚好的時裝批發中心，在大廈之內多家批發店，你可以找到平常在商場時裝店的衣飾，質素相同，但價格卻便宜一大截，低價卻不廉價，令你很難按捺得住心底裡的時尚慾望。你買一件也想便宜一大截？世上那又這麼便宜的事？價格可以比平常商場便宜一大截，當然是指批發價啦，否則全港的人都會湧到那裡，到時小小的零售時裝店就沒有生存空間了。

香港工業中心批發入貨小貼士

香港工業中心分成A、B、 C座，大部份都是從事時裝批發。不過不是每間舖都兼做零售，而且批發數量不是每間相同；但一般來講最少都要每款每色3件才算批發。有些走高檔次貨的舖，是用金額來厘定是否批發，比如買夠HK$3,000才算批發，所以必須要問清楚才決定下手去買。

有些人以為香港工業中心只賣韓國貨，其實在那裡部份是大陸貨，也有韓國及其他國家的貨。價格多是中價，少部份是高價的，所以要看清楚哪裡出品。不過，有時出產地是假的，只要細心看清楚，是可以分得出來的。

在香港工業中心入貨，行規是不可折開來看，也不可以拍照，亦沒有照片提供。有些人在那裡入貨，然後放上網賣，只可以買回家後，自己拍照放上網。整體來說，香港工業中心的品質已經很好，多數批價在HK$89–200左右，韓國貨在HK$150–190之間，自己設計的款也可以在HK$80–130之間。

不過要留意，香港工業中心平日多數做批發生意，只有在週六大部份商店才兼做零售。如果你只是想在那裡Shopping，搵翻件靚靚衫著下，血拼之前宜先詢問店家。

香港工業中心批發巡一巡

香港工業中心聽起來很像是重工業工廠，其實是服飾、飾品的大型批發中心。這裡的店家多是做批發生意，只有週六才會做零售，比一般市價便宜少少，不過都吸引不少人到此血拼。假日走進室內，馬上被人潮嚇到。

批發商教路，如果做零售，同場沒有的款式，而且又好看又特別，便可起價，如HK$100批發價返的貨，可標HK$368，出售時再給個65-80％折扣，這樣會令客人感覺良好。

在香港工業中心除了時裝批發，也有少部份手袋、手錶、耳環和鞋類等批發，檔次都是出口貨，尋找貨源的商家一定不會失望。

喜歡逛街的朋友到了這裡即使不買，也會看得很過癮。

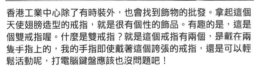

香港工業中心除了有時裝外，也會找到飾物的批發。拿起這個天使翅膀造型的戒指，就是很有個性的飾品。有趣的是，這是個雙戒指喔。什麼是雙戒指？就是這個戒指有兩個，是戴在兩隻手指上的，我的手指即使戴著這個誇張的戒指，還是可以輕鬆活動呢，打電腦鍵盤應該也沒問題吧！

檔次貨價的定位

平價貨：批價HK$19-29，可賣HK$45-49不等。

中價貨：批價HK$30-69，可賣HK$99-129不等。

高價貨：批價HK$70-168，可賣HK$298-328不等。

香港工業中心的營運時間

星期一至六：10:00am-7:00pm

星期日及紅色假期休息

星期一至五大多數舖不設零售

星期六就可以零售

筆記欄

Free note

香港仔搵批發

在香港隱世的
名牌Outlet

　　買得多，所以平係好合理；但係如果你買得一兩件，又要平，唯有從款式去就，尤其係名牌貨。有些鐘意名牌而又注重價格的本港潮人，深明這個道理，所以他們不追求「新鮮」，只集中追求「價廉物美」。當你學會慳家時，就自然找尋到在香港仔鴨利洲海怡半島裡面的世外桃園：海怡工貿中心Outlet！這個世外桃園，主要有三類客：長期居住香港的外國人對它特別偏愛；日韓旅行團也不時帶著遊客來這裡掃貨；做網上名牌衣服拍賣的經營者。

睇水牌找名店

　　海怡工貿中心位於香港島南面的鴨利洲，地方較為偏遠，交通不算便利，所以就算是周末人氣也並不太旺(如果這裡旺過旺角，租金貴到爆，你就冇機會買到平嘢啦)。在廿幾層樓高的工貿大樓裡面，每層都有一家或數家店舖。

這裡的名牌價格比起市區，將令你不能相信。舉兩個例子來說，連卡佛在25樓，出售過季名牌服飾、鞋類、手袋等，價格大概為原價的1-6折。另外，國際品牌代理名家Joyce在21樓，其代理的大牌產品，價格大約為原價的2-5折。名牌之後會花多少少篇幅去講，除了名牌外，你還可以在這裡找到家居用品、兒童玩具、燒烤用品、各式地毯、嬰兒用具、禮品裝飾等等的舖頭，很多有趣的小玩意兒，可能可以成為你購物的目標。

在海怡工貿中心，有很多店舖都是經銷家具以及家居用品的。這裡的家具與家居用品絕非大眾貨品，其中既有典雅大方歐陸風情的，也有神秘古樸的印度特點。獨特家居風格及環境佈置的愛好者常常光顧這裡，據說這裡與設於市區相同店舖的價格差距很大。

折扣勁過批發價

唔好聽到Outlet，又係工貿中心就以為好似市區咁舊的工業大廈，正門入口雲石大堂，第一次跟著地址摸去，唔知以為自己入錯樓，去左一些甲級寫字樓。

HORIZON PLAZA

帶你入海怡工貿中心洗樓

不少人都喜歡飛到外國名牌Outlet掃平貨,其實不用山長水遠搭飛機去買,香港都有名牌Outlet集中地,所指的就是鴨利洲海怡工貿中心。這座大樓內集合了本地主要時裝代理旗下的各式名牌Outlet,售賣歐美及日本名牌服飾,最平減至1折有交易,二、三百元起就可買起名牌服飾。

這裡的傢俬店,款式是外面少見的;價錢屬中高價,當行街睇傢俬,會是非常開心愉快的一回事。因為人流不多,只要你有腳骨力,絕對是一處好好消磨時間的好地方,特別是有車的情侶們。

海怡半島工貿中心,裡面有多家本港歷史最悠久的名牌減價店,包括21樓的Joyce Warehouse,店裡掛滿Yamamoto、川久保玲、Armani等數十個大小名牌貨品,價錢低至三折。貨品標貼上還羅列貨品從最早上市到現在的每一次減價銀碼。

Joyce守衛森嚴,入內參觀要把手袋等放於收銀處,所以有計入去拍照。開朝10晚7,在經業時間內,自己入去尋寶啦!

25樓的連卡佛Warehouse是全香港唯一一間連卡佛Outlet，從一折到九折的商品都有。

這裡的佈置完全就是一間寫字樓，25層直梯一開門就是Lane Crawfort Warehouse了，敞亮的設計分區明確，但要掘到好東西還是考眼力的。

ADDITIONAL
10% OFF
ON PURCHASES OF 3-4 ITEMS

ADDITIONAL
20% OFF
ON PURCHASES OF 5 OR MORE ITEMS

Lane Crawford

PRICE CHART

門口附近有個牌介紹貨品標籤，這裡的東西都貼著不同顏色的標籤，倒數第二低的折扣是貼黑色標籤有7折，橙黃色標籤銷售折扣計算如下：原價$0-999的現賣$100蚊；$1000-1999就平到$200蚊；$2000-2999只要$300蚊；$3000-3999用$400蚊就搞掂；而$4001以上的一律$500。所以看出來了吧，$4000以下是一折，原價越高越劃算。比如一條連衣裙原價賣$10900，折後只賣$500，平到你唔信。

我在連卡佛Outlet覺得最好逛的就是鞋區，這裡許多名牌的鞋子照著尺號碼排放在架上，眼花撩亂要仔細地挑才挖的到寶。

挖寶挖了半天找到一雙Jimmy Choo的金色蛇皮高跟鞋，原價$7800港幣，折扣後2300港幣，三折以內的價格，平常我根本捨不得也買不起Jimmy Choo的高跟鞋，沒想到在這裡找到3折價，又是很喜歡的bling bling風格，穿上腳就捨不得脫掉了！

Max Mara Fashion Group Warehouse(售賣Max Mara、Max&Co的折扣貨品)則位於27樓。

MaxMara集團旗下品牌包括MaxMara、Sportmax及Max & Co.等等,一直深受上班女士們歡迎,愛其服飾襟興易襯又不失潮流元素,所以去MaxMara Fashion Group Warehouse,掃日常上班服飾就最適合不過。

踏入店內會發現大量斯文簡約的服飾,如西裝襪、針織上衣、連身裙及恤衫等,當中更有不少具流行元素的設計,如今季大熱的海軍服色彩的西裝襪、或軍服味的裙子及褲款等,價錢平至二、三百元便可掃到意大利出品服飾,比本地設計還要平!

LCJG warehouse主打CLUB MONACO及Juicy Couture的出品。Club Monaco向來主打黑白色剪裁俐落的成熟風設計,緊貼潮流但卻不失簡約,絕對一個單品著用數年亦不會過時。去開27樓,點可以唔順便睇睇?

Diesel的風格年輕而富有創意,靈感都是來自日常生活的點點滴滴,與潮流動向緊緊不分,恰如其分地認證該品牌的年輕特性。Diesel的粉絲,Warehouse就係27樓,Go!Go!Go!

19樓還有Fairton Labels。經常在名店Outlet都會見到女士們瘋狂掃貨而男伴就呆坐梳化等俾錢(或者扮唔知要俾錢)。Fairton Labels Fashion Warehouse就集合不同風格的歐洲名牌男女服飾,型格之選有Kookai、Jean Paul Gaultier及7 for All Mankind的男女服飾。另外,還有成熟穩重的Harmone & Blaine男裝及Lloyd的皮鞋。同場還有Galliano及Just Cavalli的皮具系列,無論男伴是甚麼類型,都可在店內找到心頭好。

掃到落去19樓,本地名牌時裝代理Bluebell Fashion Warehouse,以往只售賣旗下代理的時裝品牌如Blumarine、Anna Molinari及Paul Smith等,還有這兩季開始代理的Anya Hindmarch。

19樓也有不少折扣品牌店舖,這家Aldo的鞋子很多$199,$299,$399的,很值得看。本來看中一雙$199的,但是鮮艷的黃色我有點排斥。真可惜,那雙鞋底很軟,穿著舒服。

I.T在市區好多地方都有,在海怡工貿中心5樓的I.T Outlet設計就截然不同,店內型格的黑暗裝飾似十足品牌的專門店,貨品更清晰地以品牌分類。此Outlet主攻旗下「I.T」的高級名牌如Tsumori Chisato、Martin Margiela及Comme des Garcons等,最吸引首選是皮鞋,有大量款式選擇之餘更清楚地分為不同尺碼,最平$99就有一對。

嬰兒用品以齊取勝

　　父母在嬰兒未出世之前，已經開始準備嬰兒所需用品，例如嬰兒車、嬰兒椅、寢具、奶粉及嬰兒服裝。在選擇嬰兒用品之前，最好打探一下市場行情，了解各類商品價格的分佈，好去拿捏預算的多寡。目前市面上嬰童用品價格相當分岐，父母必須根據自己的需求而定，最貴的不見得是最好的，而不同的功能設計則要考量使用目的為何。在海怡工貿中心有很多嬰兒用品專賣店，講到價錢就和市區差不多；不過，因為這裡租金相對地平，所以有些舖頭開到很大，品種就自己很齊很多，你在市區搵唔到的東西，在這裡應該都有。

海怡半島東翼商場 Space Warehouse

行翻出去，離海怡工貿中心步程10分鐘左右，有個海怡東商場，入口旁邊，從自動扶梯上二樓，也有一家Space Warehouse，那裡主要售賣Gucci、Prada、Helmut Lang、Miu Miu等品牌的季尾貨物，價錢基

本上是三折至七折，貨品按品牌及種類整齊陳列，有手袋、鞋、衣服等。

交通攻略

· 在金鐘港鐵站乘M590或者90B巴士，坐到終點站海怡半島，下車走到對面就是海怡東商場，距海怡工貿大廈約十分鐘的步程。

· 在市區乘坐671號巴士(鑽石山-九龍灣-觀塘-藍田-東隧-北角-銅鑼灣-深灣-鴨利洲海怡工貿中心-鴨利洲利樂街)直接可到海怡工貿中心。

· 如果你身已在香港仔石排灣，可以坐95號。

Outlet 掃貨地圖

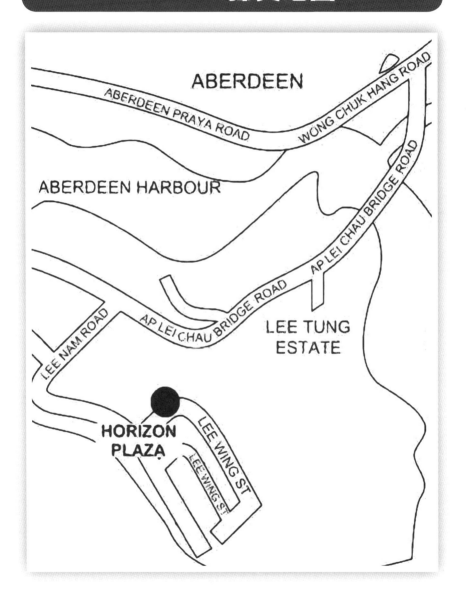

Free note

Free note

灣仔 銅鑼灣
上環搵批發

隱世街市有玩具批發

　　灣仔太原街無論星期一或星期六，每日下午都充滿著人流，非常熱鬧！因為這條街有很多小販檔，除了有C9在這裡，星期六日還有很多菲傭在買平嘢，你還會見到很多宅男和小朋友，因為這裡有幾間出名的玩具店。太原街不止在本地大名頂頂，即使在海外，特別是日本，也享有盛名；因這裡的數間玩具店，出售的都不只是來自祖國，所以很多人愛在這裡尋寶，有時會找到海外才有的貨品，甚至香港未發行的也可能在這裡找到水貨。

這裡人流旺，所以門市零售的生意特別好。每逢一些大節日，很多間舖頭都會改頭換面賣一些應節玩具，如萬聖節，舖頭門口就掛滿恐怖面具等等。

太原街有它獨有的特質，各種不知來由的神秘版本，各種正常途徑不可能買到的玩具，這裡也有機會找到。不過最近幾年可能環球經濟真的差了，再加上日本天災後又大傷元氣，新品種的玩具明顯少了好多。

以前無論店內店外，都滿是一包包的玩具，大多是日本的扭蛋，因為以前會有很多人前來這條街買扭蛋，而且一套套買，唔駛抽，搞到同一個款有幾隻咁慘。雖然太過容易有機會集齊全套，會令尋獲至寶的感覺減退，但即時擁有，卻又引人入勝。

特價遇著心水客，遇上清貨，件玩具又啱心水，仲唔叫做行運叫做咩？

至於批發價，因為貨品的不同會有不同的情況。見到有潛質的貨品，隨時可以問問批發的情況。

銅鑼灣恒隆中心
歐洲奢侈名牌批發大變身

　　銅鑼灣百得新街、怡和街與軒尼詩道之間的恒隆中心，這個歐洲時裝批發熱點，轉眼間已經有三十多年歷史。八、九十年代的時候，由於香港享有免稅優惠，而且交通方便，所以不少台灣及東南亞國家的零售商都愛來香港購入歐洲時裝，通常幾個月就會來一次。現在恒隆中心9～14樓仍有些歐洲時裝批發在那裡；不過隨著香港實施了自由行，現在來入貨的，不再是韓國人和南亞人，而是內地人，批發業也改頭換面，就是賣歐洲奢侈名牌的店舖取代了不少傳統的批發商，他們賣LV、Gucci的「水貨」(確實比專柜便宜好多)，而摒棄了引入規模較細和較年輕的獨家品牌的經營模式。

西環上環海味批發街

　　「海味街」是香港有名的海味乾貨店集中地，介乎皇后街與正街的一段德輔道西，以及文咸東街及蘇杭街一帶。沿街設有眾多海味乾貨店，鮑參翅肚各類海味統統齊備，要買貨真價實的優質海味，方便顧客貨比三家，要以批發價選購乾鮑魚、乾貝等較昂貴的海味珍品非到此地不可。在這裡除了有海味外，還有許多許多中草藥、海味南北貨的旗艦批發店，有著蛇類批發、各式鹹魚乾貨、中藥茶葉等等，漢方中草藥、中藥材、南北乾貨齊全。唔駛一定要做生意才去找批發，筆者有朋友BB就出世，所以就去買定D藥材坐月補身，那裡的價錢係抵過去中藥店執架！

Free note

Free note

油尖旺
搵批發

歡迎訂做各式‧膠砧板‧木砧板‧中西烘焙餅印

搵批發去深水埗
隨時尋找到你的「心水寶」

　　如果你想開一間有堂食的餐廳，你知道買錯張凳都可能隨時過唔到消防署要求，出唔到個食牌？食肆廚房裝修，亦須符合多個政府部門的牌照要求，因此中小企東主即使想節省開支，部分人仍會尋求專業的工程公司協助。但如果經營的是不設堂座的外賣店，投資於廚房、廚具的金額可以節省不少。不管你想投資多少，爐具、廚具究竟可以係邊到搵？如要尋找爐具或廚具，可到油麻地地鐵站那段新填地街及上海街一帶(地鐵油麻地C出口)。上海街由273號起，是售賣刀具、木器、廚房用品的集中地，一般來說，像飯車、湯池、炸爐、扒爐等基本設備均可找到。

即使你沒有開餐廳的打算，如果你喜歡下廚，可以到油麻地一段的上海街來！因為這裡匯集了多家廚房用品批發店，價格比較便宜，款式也非常多，從餐具、刀具、鍋具、烘焙器具，到點心蒸籠、做「雞蛋仔」的鐵模具都可以在這裡買到。來換換口味，做一頓港式點心、港式小吃吧！

廚具街的店舖不少是在做食肆生意，很多平時只在餐廳廚房出現的用具都可以在這裏見得到，好像有街邊小食檔的鮮榨果汁機、酒樓的超級大蒸籠、麵包店內的巨型焗爐、燒味店燒乳豬的大鐵叉等等。至於做家庭生意的店，貨品都很專門齊全，價錢亦相宜。

如果有幸置業要為新居添置廚具，來這裡逛吧，這裡的東西會比商場內的大型家品店的有趣得多。就算大型廚具不能放在家中的廚房，也可以買些烘焙用具。想在家扮調酒師？來這裡行一轉吧！

恒福、同昌、金峰大廈
佐敦也有樓上舖時裝批發

在寶靈街出口，面向大馬路，走一會看見恒福時裝雅集，旁邊是同昌大廈，對面是華潤大廈。那些大廈裡面，是一層一層寫字樓形式批發，有歐洲貨，韓國貨，日本貨。同昌雖然和福時裝雅集相隔很近；但大家所批發的貨卻不同，同昌批的檔次略低些。講到金峰大廈的貨，就較恒福時裝雅集的便宜一點點，而且日本貨相對地會多一些。金峰也在恒福附近，但不是同一幢大樓，不同的入口啊。另外要說明的是，雖然恒福、同昌和金峰大廈都在彌敦道旅遊區；但這些批發點都不是在地舖，而入口亦相對地比較隱蔽，記得找到大廈後往上看。

開戶口入貨你要知

講到實戰去拿貨，每間批發公司的做法都是不同的。不過，大多數在恒福的批發戶，都要你頭一次買貨時開一個戶口先。但係又唔係你話想開戶口就隨時可以開到戶口，因為有些批發商可能要你頭一次買滿$5000或以上才給你開戶。

有些批發商會講量不講金額,可能要你買10件以上才可以開戶,所以一定要自己問一問,同時最緊要記住帶備公司咭片,因他們一定要你有咭片才給你開戶口。如可以的話,最好帶同商業登記証副本,因為有些公司可能要看你的商業登記証才給你開戶口。不過,現時經濟環境不好,某些批發商可能見錢便開眼,入貨條件可能從簡了。

價錢方面,在恒福時裝雅集內的批發公司,賣的貨都是比較相對地高級的貨,所以價錢是比較貴些少的,正所謂一分錢一分貨,所以你要先看一看自己之銷售對象。

在那邊拿貨,歐洲貨會貴點;而日韓貨都不是十分貴;但你千萬不要以長沙灣貨色比較,因絕大部份長沙灣的貨都只可叫日韓款;不是日韓貨。長沙灣的批發,只是抄了日韓款色的衫,在大陸做然後當日韓貨賣,所以他們批價都相對地平;但質素亦相對地欠佳。

恒福時裝雅集
彌敦道221號

金峰大廈
油麻地彌敦道241～243號

同昌商業大廈
彌敦道221～221A號

Free note

Free note

香港
批發商教路

韓風雖勁還看實力
韓國食品不怕貨比貨

真味韓國食品開業已三年多，同時從事韓國食品的批發與零售。叢耀滋的母親就是真味的老板娘。惜逢暑假回港，叢耀滋替母親的食品店設製網頁，幫助管理業務之餘亦為我們介紹一下韓國食品。叢耀滋奉勸各位，賣韓國貨雖然前景樂觀，但只懂依賴潮流也會關門大吉；一定要講實力！

800 種韓國食品

「我們真味批發的貨品種類繁多，超過 800 種。僅是紫菜我們已有十至二十款選擇。而所有貨品都是韓國製造。找我們入貨的零售商當然有售賣韓國食品的門市，另外也有酒店，小量出口到澳門。通常酒店舉行一些『韓國節』便會找我們。」

抵制日貨的口號雖已漸漸消聲匿跡；但木村擔正的日劇重現電視，收視仍不見理想。韓國貨在香港似乎仍然氣勢如虹。叢耀滋指韓國食品在香港已興起了多年，其中以紫菜和公仔麵最得香港人心。其次柚子茶等果汁銷量都很好。我們香港人都吃不少公仔麵，韓國的公仔麵又有甚麼特別？

「現在於超級市場買到的公仔麵，即使是出前一丁也好，也是內地製造的；我們的公仔麵都是韓國製造，麵質會較好。」至於果汁，據叢耀滋所講韓國流行的果汁都會加入果肉。記者看到雪櫃裡的一樽樽柚子茶的確載滿了果肉，甚至多得透不過光來。

日韓食品競爭小

　　講到韓國食品，怎可不提早已攻陷香港人生活的日本食品。問到日韓食品之間的競爭，叢耀滋的答覆頗為出人意料：「其實日韓食品沒有甚麼直接競爭。你看 City Super 也會把日韓食品擺放在一起；如果兩者之間的競爭非常劇烈，就不會放在一起吧。」另一個線索就是，據叢耀滋透露，韓國食品的市場以婦女為主，年青人只屬次要。可能最講究包裝的日本食品較為討好年輕人。

平時也吃不夠，紫菜也要泡菜味。

日本食品花錢在包裝

　　「同一份成本，假設日本食品可能花了其中七成在包裝，那麼才只有其餘三成會花在食物品質；韓國食品可能只會花四成成本在包裝。」所以叢耀滋直言他認為韓國食品更講究質素。但明顯這個假設是建立於同一成本的前提下，而事實上比韓國食品昂貴的日本食品比比皆是。據叢生所講，或許韓國商人做法不同；或許競爭大，韓國食品來港的價錢確實不高，永不像日本食品般一到港價錢大幅度提升。

五花八門自製泡菜

愛辣愛方便

　　問到韓國人的飲食習慣，叢耀滋覺得韓國人比日本人更流行食辣。記者曾在旅行時遇到不少韓國人，他們隨身攜帶一支牙膏裝的「葛處醬」，隨時加到飯菜上。叢生說那就是韓國的辣椒醬。一般沒有甚麼味道，只有辣味。「韓國人也許比較懶。」叢生打趣說。「他們有很多即食產品。如即食飯也有　，不是有菜配搭的飯，而只係白飯。可以不用『叮』的，打開就可吃。」

即食咖哩

開封即煲人蔘雞

　　一場來到當然讓叢耀滋推介一些特別的韓國食品給大家。「有一種人蔘雞湯也頗受中國人歡迎。那是一大盒材料，有人蔘還有整隻雞，打開放入水煲就夠兩三人食用。」韓國人的方便即食文化的確厲害。零食方面，叢耀滋推介原隻魷魚和雞泡魚乾。原隻魷魚不同於我們常見的魷魚絲或魷魚乾，其故名思義是原隻曬乾的魷魚。叢生拿出來的原隻魷魚比 A3 Size 還要大。「初吃會有點硬，但越吃會越軟，味道非常濃郁。韓國人非常喜歡吃魷魚。雞泡魚乾也可即食，但先燒再吃更可口。」

原隻魷魚

鮮味冷湯麥麵

入貨注意小貼士

「因為我們也做零售,所以找我們取貨數量沒有下限。一般取一箱我們已有折扣。買滿 $800 就包送貨。小數的話我們只收現金或現金支票;像酒店那些大數目我們會給 30 日數期。」

據叢耀滋所講,如要辦韓國零食店,首次開舖要入的貨至少五十至六十款,每款至少一箱。這裡會花一兩萬元。如果要辦較全面的韓國食品門市,需要入的貨量當然會又多一些,但也視乎閣下心目中的規模。

賣食品須格外留意食品的賞味期限,尤其當韓國食品中有這麼多方便即食的產品。「一些炒菜用的鮮魚片,因為沒有防腐劑,只能放一至兩個星期。公仔麵可以放 6 - 9 個月;薯片就可以放 9 個月至 1 年。」

無防腐劑的鮮魚片

韓國人幫襯韓國人

　　不是韓國人但經營韓國食品商店，會否吸引韓國藉客人？「韓國人非常愛國，可以選擇時他們也會幫自己人。即使你的舖裡有懂韓語的店員，韓國人也未必會因而光顧。沒有韓國人支持就會少了一個較穩定的市場。」原來叢耀滋的母親就是韓國人。不過叢耀滋指出，真味的客人也只有一兩成是韓國人，可見香港人辦的零售店仍然有利可圖。

　　「選擇的地點當然要以人流多為先。舖租平但小貓三四隻也支撐不住。另外方向要明確：如果集中賣韓國食品，就要全面一點；如果款式不多就可加入日本食品一同售賣。」

一粒粒的韓式年糕

忌只懂依仗潮流

　　現在有《來自星星的你》，之前有《大長今》；但叢耀滋說，早年的《大長今》令韓風加劇，但實際會因《大長今》而買韓國食品的人不多。潮流對銷量的影響其實不大。「就算我們請李英愛來我們的店舖，人們都是來看李英愛，而不是來買我們的貨品。」叢耀滋認為，創業者要認清方向，不要僅僅依賴潮流；事實上他目睹過不少意圖在韓流中撈一筆的創業人，最終也是關門大吉收場。

　　真味的門市位於尖沙咀柯士甸路，不遠的金巴利街（亦稱韓國街）也有很多由韓國人經營的韓國食品店舖。最後叢耀滋也向記者提供了另一個批發商的資料：「除了我們真味韓國食品，亦有另一間大規模韓國食品批發商，名叫『佳富高』。佳富高是香港最大的韓國食品批發商。本地大型超市也會找他們入貨，不過他們的貨品種類就不及我們多。」果然是各擅勝長，不怕貨比貨。

德國糖果王國
小本經營大熱夾糖店

　　十幾年前，還未有零食專門店時，要買糖果或涼果都只有幫襯超級市場或士多辦館。多年後開始有專營糖果的店舖出現，並引入自助式「夾」糖服務，令「夾」糖瘋魔一時。

事至今日，經過改良後的夾糖店又再度興起。色彩繽紛、形狀新穎可愛的糖果，再配上年輕化的裝修格局，令這類糖果店又再大受歡迎！由於開設一間糖果店的開業成本較低，投資十餘萬已經可以成事，於是亦成為不少創業新手初試啼聲的理想生意。

夾糖於90年代初引入

經營代理及分銷各國糖果批發的銳記有限公司，在香港已有 40 多年歷史，是香港其中一間大型的「夾糖」批發商之一。該公司始於 1964 年，初期經營士多辦館的零售生意。到了 70 年代尾至 80 年代初開始便由地區性批發公司，發展至由海外直接入口並分銷到全港的代理商。

銳記董事總經理張堅毅憶述：「在 90 年代初夾糖概念首度引入香港，當年有一間名為 Candy & Co. 的公司將歐美的糖果銷售概念引入香港，主力賣棉花糖及朱古力。

當年呢間公司開設大量分店，令到香港人突然對糖果產品好有興趣。不過由於當期時的店舖租金相當高，而業務某程度上因為過度膨脹，結果亦最終全線倒閉收場。」

創業新手之選

夾糖店近年又再度興起，主要原因是香港人的確對零食相當愛載。畢竟市場存在著一定的發展空間，觀乎早年的「零食物語」、「優之良品」及近年的「759阿信屋」越開越多可見一斑。經過改良後的夾糖店不再單靠新鮮感吸引香港人注意。張堅毅指出：「開設一間夾糖店的投資不算高，而所需要的舖位面積亦相對較小，百餘呎面積已相當足夠。兩個女仔沒甚經驗夾份做也做得來，基本上糖果店適合好多創業新手。」

市面上可見的夾糖店中，主要均以橡皮糖為主。據講橡皮糖是在二次世界大戰後面世的，發明者是一間德國公司 — Haribo 哈利寶。常見的酸沙可樂糖、五彩六色的熊仔糖、雞蛋糖等行內皆統稱為橡皮糖。優質的橡皮糖產品以德國入口為主，另外亦有從內地或泰國入口的同類產品。價錢雖然較平，但質素始終不及德國入口的橡皮糖，所以大部分夾糖店都主力以德國入口橡皮糖為主力。

夾糖分5大類

橡皮糖的形狀百變，味道亦各有不同，更不時有新的產品出現，行內人士將大部分的橡皮糖歸納為 5 大類，主要以其成分區分。

1. 晶亮型

表面透明，有一層油光於表面。

2. 酸沙型

表面有一層酸沙面層。

3. 雙層型

名符其實是有兩層質地所造成，如雞蛋糖就是雙層類，蛋黃及蛋白分別由兩種質地的橡皮糖二合為一便成為雙層型。

4. 雙層酸沙
雙層型再加上酸沙面層。

5. 泡沫型
棉花糖質地，入口即融化。

開業前準備

1. 搵鋪

舖位的地點及人流相當重要，只是旺舖租金成本亦較高，當然要視乎自己的能力而定。其實開設糖果舖搵舖時更要注意的是鄰近同行之間的競爭。若同一個商場內競爭激烈，生意額一定被分薄，經營亦相對困難。舖位面積方面，至少要有 80 呎以上，否則根本不能容納客人舒舒服服地選擇及購買糖果。不過舖位面積較大的話，舖面需要擺放的糖果品種亦要相對增加。

2. 裝修成本

若以小本經營為本，其實開設糖果店舖內只需要基本裝修，而糖果櫃的成本有高有低，本地一些飾櫃舖頭可以為客人訂造，100 格櫃大概 $40,000，而不太講究的話其實 $2,000 至 $8,000 亦已有交易，大部分糖果批發商亦有活動式的膠箱供應，1 組 3 格的膠箱每個$400 至 $800；較小型的獨立膠箱每個為 $20 至 $80多元亦已有交易。膠箱好處是較靈活，亦可疊高成為糖果櫃。

開業成本一計

據銳記張堅毅指出：「從批發商入貨的時候，並沒有『數期』可言。即使熟客也需要按照『貨到收票』的規矩。」一般來說每次最少要入 120 箱，每箱重 12KG，至於批發價錢方面，以德國糖為例，每 KG 平均為 $20 至 $45。當然入貨數量多的話，大可與批發商「講價」。

採購時如何講價

開張前，首次採購是最重要的。因為首次入貨數量埋論上應是最大批的，亦是最具議價能力的一次採購。張堅毅教路：「由於採購數量大的話，價錢亦相對會較吸引，所以集中一間批發商去採購比較有利。首次採購大可預先考慮 6 個月或以上的採購數量，以提高議價能力。至於零售商亦不用擔心存貨問題，因為批發商可提供分批送貨，每星期送一批貨，或每個月送一批貨都可以，做法靈活。」

吸客之道

1. 糖果要亂放？

自助式夾糖店其中一個特點是可以讓客人享受選購時的樂趣，當客人見到一格又一格不同款式的糖果，便會誘發購買衝動。要注意擺放糖果時最好將各款糖果「亂放」，以分散客人的注意力，甚至可以令客人越「夾」越多。若同一類別糖果歸納地整齊排放，客人容易覺得所見的糖果「熟口熟面」，全都是同一類別，便沒有新鮮感。

2. 招牌要吸引

幫襯夾糖店的客人，除了想買到美味的糖果之外，在購買的過程亦會得到一定的樂趣。門面設計吸引、環境舒適亦是吸客的重點。

3. 定期清潔糖果櫃

糖果表面有油份及酸沙，長期擺放會融化，基於衛生問題糖果櫃需要定期清潔。不過原來清潔糖果櫃除了是基本需要外，亦是吸客招數之一。

客人購買糖果時，糖果櫃的衛生情況絕對影響客人的購買意欲，定期選擇部分糖果格進行例行清潔，選擇性地空出幾格糖果櫃，大可讓客人「見」證糖果櫃是絕對衛生。

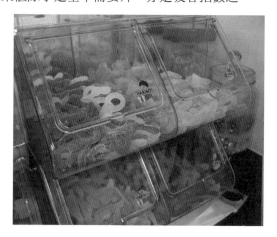

成敗貼士

混合平糖無著數？

市面上大部分糖果店都爭相售賣上等的德國糖果，由於德國以盛產糖果聞名，其出產不單夠軟滑，而且也特別香甜，客人一試便會分得出優劣。有的舖頭為降低成本，混合其他較平的糖款，這類平價糖分別來自本地或內地，不過客人吃過美味的糖果，自然會繼續幫襯，反之的話試過一次後便不會再有下次。

糖果要新鮮

糖果一般的有效期為兩年。批發商由外國入貨後，糖果未必會即時到零售商手，糖果的新鮮度亦視乎存放環境所影響。批發商有 24 小時空調貨倉外，亦有足夠經驗保存糖果的新鮮度，存貨環境定比商場店舖的環境好，所以一般來說零售商均會等到存貨量餘下十多箱貨才向批發商取貨，盡量令到出售之糖果保持「最佳狀態」。因為新鮮的糖果會特別香、特別軟，舖頭附近都會傳來陣陣甜味。要保持糖果新鮮，店內不宜用射燈，因為射燈會產生熱力，糖果長期經射燈直接照射，容易融化。因此不論裝飾或照明的燈光最好採用「暖燈」，以減低糖果老化的問題。

統一收費

不同種類的糖果價錢有所不同，而夾糖店一般都以統一收費為主，其原因是方便計數。不過作為零售商，入貨前要一定要考慮清楚平與貴糖果之間的入貨比例，貴價糖果味道較好銷路自然較高，但只集中入「貴價糖」分分鐘蝕本收場，所以平、貴糖要夾雜出售，或者可考慮定期將平糖減價清貨。

鎮店之磅

夾糖以重量去計算收費，而店舖均需要一個「鎮店之磅」，而選購電子磅時亦要注意，因為不同的電子磅靈敏度都有不同。有的電子磅量度重量時每 8g 跳一級；有的每 2g 跳一級，不同的電子磅量重時可以相差6g。所謂小數怕長計，選用靈敏度高的電子磅較為理想。

高尚生活派
紅酒易做易賺

紅酒，葡萄園的瑰寶。十二門徒愛喝、紳士名媛愛喝、連何局長和財爺也公開表示自己喜愛淺醉其中。紅酒是一種品味、一種文化、更是一種擁有莫大市場的商品。利潤高、入貨簡便，若本身已對紅酒有一定認識的話，更可把興趣轉化成收益，何樂而不為？

明豐洋酒有限公司
Allied Express

主要經銷品牌：

法國餐酒類

　—法國名酒莊系列

　—Gaston Range 金馬系列

　—Barriere Freres 金帆船系列

智利餐酒類

　— Albor 鷹堡系列

澳洲餐酒類

　— River Breeze Range 系列

　白蘭地、威士忌

餐酒市場大熱

中國人都喜歡一邊「摸住酒杯底」一邊談生意。過往商家們要喝得貴、喝得豪才算「俾面」、「有派頭」；干邑、威士忌、白蘭地等烈酒絕對是不二之選。但隨著香港工業北移，此類應酬已大幅減少。取而代之的，是名流和年輕一派的餐酒文化。相對於烈酒，餐酒有文化、有品味得多。誰不懂喝威士忌？懂得喝餐酒卻是一種生活格調的提升。加上烈酒的酒精成份高，「乾」多兩杯便容易倒下；餐酒的醉意卻是慢慢的來，讓人漸漸地情緒高漲，十分適合年輕人談情說愛，自然廣受歡迎。具 20 多年酒類批發經驗，並開設了自家洋酒代理公司「明豐洋酒」的 Martin Cheng 表示：「自 94 年人們便開始轉飲餐酒，到 2000 年更進入了巔峰時期。現在餐酒與烈酒的銷售比例已倒過來變成 80％ 餐酒，20％ 烈酒了。」

利錢豐厚

除了需求量高，經營餐酒的成本較低，但利錢卻豐厚得多。白蘭地之類的烈酒，批發價約要 $200 以上一支，每支才不過賺 $10 左右。但以批發價 $50 一支的餐酒為例，零售一般可標價 $70 一支，變相每支淨賺 $20。Gross Margin 達 40％，回報率極高。小店一般每月可賣掉 100 至 300 箱餐酒，成本和利潤有數得計：

成本(Product Cost)：　　　　$50/支 x 300箱 x 每箱 10 支 ＝$150,000
利潤(Gross Revenue)：　　　$20/支 x 300箱 x 每箱 10 支 ＝$ 60,000

除了店內要 24 小時開冷氣維持氣溫在攝氏 15 - 20 度外，也沒甚麼特別要求，存貨空間也不需太大，可說賺錢空間很大。

自動增值

紅酒另一常被忽略的地方是其增值潛力。貴價紅酒平均每年升值 10-30%，假設購入一支 $2,000 的 1st Grand Crus Classe(最高等級) 紅酒，五年後便搖身一變成了 $7,425 的特級紅酒！

餐酒紅白鬥

同樣是餐酒，但紅(Rouge)、白 (Blanc) 兩酒因儲存時間不同，口感大有分別。一般紅酒最少存滿六個月方會飲用，高等級的更會待個十年二十年。白酒則不經儲存，質地(Body) 較薄，對西方人來說簡簡單單的，是進

餐的最佳拍檔。香港人卻認為白酒太薄太淡。Martin Cheng 憶述：「10 年前喝紅酒的人和喝白酒的人約是 4：6，現在卻是 8：2，所以說重點做紅酒便可。」

貨如輪轉

走進百佳惠康也知，紅酒由 $20 一支到超過 $2,000 一支也有，入貨的比例應如何？Martin Cheng 說：「近年顧客主要以價錢來揀紅酒，買的主要都是 $50 至 $150 一支的中低價紅酒，飲 $100 支以上的豪客越來越少。」平入平賣，貨如輪轉乃上上之策。

美麗新世界

說到紅酒，不免會想起法國佳釀。但現代新勢力，行內稱「新世界」的智利和澳洲酒的實力也不容忽視。法國紅酒普遍要到 $200 以上一支的價位，質素才能穩定。但「新世界酒」即使是較便宜的，只要是出自大廠，質素的穩定性也較高。「像這 ALBOR 系列，」Martin 表示，「出自全智利第二大酒莊，即使是以 Tasting(試酒) 來選酒的馬會也以這品牌作 House Wine。」另外，包裝設計較前衛的既紅酒搶眼又易認，不少蘭桂潮人也會選喝。

講究一族

雖然現在喝平價紅酒的人較多，但真正對紅酒有要求的人也不少。買紅酒的客人可分為兩大類：

第一類客人對紅酒的認識不多，主要是為了某些場合隨便買來喝喝。這類客人傾向買些中低價的紅酒。又因平價酒 Character(特質) 不強，大多數客人也會視乎心情，合眼緣就買，很少會揀定某個牌子。

第二類客人對紅酒有一定研究，較懂分辨好酒和普通酒。這類客人大部份的心態都是希望喝到最好的，對牌子的要求亦很

高。所以好賣的紅酒都走兩個極端：平酒和名酒。所以平酒以外，法國五大酒莊的紅酒也必需存入：

五大酒莊名稱	所屬村落	法定命名
Ch. Lafite-Rothchild	Pauillac	Pauillac
Ch. Latour	Pauillac	Pauillac
Ch. Margaux	Margaux	Margaux
Ch. Haut-Brion	Pessac	Graves
Ch. Mouton-Rothschild	Pauillac	Pauillac

大有大做，細有細做

從批發商訂購紅酒很多也沒有最低限額，少至一箱(10 支) 也來者不拒。打個電話或向「行街」下訂單便可。加上免費送貨(限平日下午)，即使是士多仔、公司酒會、婚宴或私人派對的訂單也同樣接受。分別就在於價錢，訂購少量的散客，比大批訂購可貴多10％以上。

私家酒

紅酒亦分 International Brand(國際品牌)和Private Label(私人品牌)。一般 International Brand會在Capsule(樽蓋)上印上Logo，此類酒在Wine Shop會較暢銷。而酒樓、會所、夜總會、公司酒會等大量消耗場合則多用$20左右一支的 Private Label。

進攻大陸市場

如果想在內地開紅酒舖又可不可以呢？答案是可以的。CEPA允許具中國公民身分的香港永久性居民以個體工商戶經營零售店舖，所謂「零售店舖」亦包括紅酒店在內。要注意的是此類以外資企業申辦的經營方式只限小型店舖。店舖總面積不能超過300平方米，在其他店員的數目上也有一定限制。

樓上Cafe開業第一課
咖啡豆批發入門

　　據說是一位牧羊人發現羊吃了一種植物後，變得非常興奮活潑，因此發現了咖啡。也有說是由於一場野火，燒燬了一片咖啡林，燒烤咖啡的香味引起周圍居民的注意。無論如何，咖啡都是不少香港人的恩物。因為這緣故，樓上咖啡店也越開越多。開樓上咖啡店，自家沖泡咖啡，其口味及質素絕對是成功關鍵。不過對於很多初入行的小老闆，選擇合適的咖啡豆卻很傷腦筋。今次特別訪問了咖啡莊有限公司老闆鍾紹基，分享他十多年選購咖啡豆的過來人經驗。

咖啡豆種類要識

　　基本上，咖啡的風味可講各家各派也有不同；豆的種類和學問更是博大精深千變萬化。單單是處理方法上咖啡豆已可分成生豆及已烘焙的熟豆兩種。以下介紹的豆子屬於最受歡迎、樓上 Cafe 最常用的咖啡豆種類：

1. 意大利咖啡豆(Espresso)

　　精選高級意大利咖啡豆，再由師傅調配烘焙而成。色澤明亮呈深啡色，入口甘香幼滑。由於以意大利咖啡豆製作的 Espresso 可作為意式咖啡的基礎，然後調配出 Cappuccino、Latte、Macchiato 等咖啡，因此意大利咖啡豆是樓上 Cafe 最常用的豆子。

意大利咖啡豆(Espresso)

2. 莫加(Mocha)

　　莫加咖啡是十分受女士歡迎的咖啡，皆因其濃濃的咖啡香中滲出一份朱古力的香甜。其做法亦很簡單，由一份 Espresso、一份熱朱古力及一份蒸氣牛奶混合一起而成。這款莫加豆子本身更帶有朱古力味道，做出來的咖啡更可口。

莫加咖啡豆(Mocha)

3. 肯亞 AA(Kenya AA)

　　肯亞種植高品質的阿拉比加種咖啡，而肯亞 AA 是評級中最高的。豆子的體型為中至大，略帶微酸，濃郁芳香，特別受歐洲市場歡迎。

肯亞 AA(Kenya AA)

如何決定購買合用的咖啡豆

1)必備意大利豆：對於樓上咖啡店而言，至少應該訂購意大利咖啡豆。因為此豆可以作為 Espresso 及其他受歡迎的意式咖啡款式，包括 Cappuccino、Latte 及 Macchiato 等。

2)地域影響口味：至於其他來自不同國家的咖啡豆，除了可以跟據老闆的心頭好及店子的風格決定外，亦有需要取決於咖啡店的開業地區。簡單來說，如果客人多為白領，他們需要的咖啡口味可能較淡；如果座落於尖沙咀、中環等外藉客人較多的區域，可能需要考慮較濃的咖啡豆。

3)生豆或熟豆：大部份的咖啡豆批發商均同時提供生豆及熟豆(即已烘焙的咖啡豆)，方便不同客人需要。自行烘焙豆子雖然可以在咖啡中加入個人風格，可是也需要一定的技巧。例如豆了必須於特定時間內，在鍋子中保持至少205度高溫。為了減少工序，還是購買熟豆較方便。

4)咖啡粉或咖啡豆：咖啡豆批發商亦會按客人需要提供不同程度的咖啡豆磨研，不過要留意經磨研後的咖啡豆即會開始氧化，最佳食用日期只能保存一星期，而完粒的咖啡豆卻可保存一年。因此需視乎店內的客人消耗咖啡的數量，如果數量高，可考慮購買已磨研的咖啡粉；如果數量少，可以考慮購買咖啡豆，按需要在店內自行磨研。計算比例約為1磅咖啡粉(連損耗)可沖50杯咖啡。

5)自併品牌口味：開設咖啡店，如果有富特式的獨有咖啡口味，才能突顯該店的特色。老闆開業之初，可嘗試以不同的咖啡豆併合屬於自己的咖啡口味。

四招教你揀完美咖啡豆

1. 顆粒均勻：同品種的咖啡豆應該是大小相近，如果大小不一，有機會滲入了其他品種的豆子。

2. 豆身完整：留意咖啡豆表面是否光滑，如果豆身有孔，表示曾有蟲蛀，豆子不健康。

3. 咬豆試味：如果烘焙的火力均勻，咬開的豆子應可見外皮及內層顏色一致。而且親嚐豆子味道，可嚐出豆子是否新鮮，烘焙會否過火等。

4. 眼望鼻聞：留意豆子的光澤是否自然，氣味是否新鮮，不良商人有可能在豆子上噴上人造香氣(行內人稱「加 Flavor」)以增加咖啡香。

如何儲存咖啡：

1. 避免日光照射：以研磨的咖啡粉會迅速氧化，低因咖啡氧化更快，一般來說保存期只有一星期。在此之內，應以密封不透光的容器保存於陰涼處。切勿以玻璃瓶置於日光下，或放於冰箱內。

2. 避免氣味影響：咖啡粉容易吸收附近的氣味，因此要遠離氣味強烈的東西。

取貨必須 COD

來自不同國家的生咖啡豆

　　向咖啡莊取貨必須 COD，不設數期。如在中午 12 時前訂購可即日送貨，否則為第二天送貨。另有提供咖啡機出租及售賣，出租月租 $500 元起，須最少簽約 2 年。咖啡機每部由 $6,000 至十數萬不等，視乎不同品牌及功能而定。

不同口味的咖啡豆

藍山 Blue Mountain	特調充滿牙賣加的藍山咖啡風味，芬芳而清甜，酸味與苦味平衡。
哥倫比亞 Colombia	帶有獨特的酸度，口感甘苦而帶有甜味。香味濃郁，豆子大而漂亮。哥倫比亞是僅次於巴西的第二大咖啡生產國，價格穩定，生於高海拔地區的咖啡較為優質。
巴西 Brazilian	來自第一世界咖啡生產國，香甘柔和，味淡而微苦，適合大部份人的口味。
曼特寧 Mandheling	現時世上炒賣最貴的豆子之一，極受日人歡迎。濃香而味苦，但醇厚而強烈，單飲或調配皆可。
埃塞俄比亞 Ethiopia Yirgachefe	來自此區的咖啡豆子帶有獨特的果香、花香及酒香，甚至有人形容為黑加倫子香味，酸性柔和，豆子小而硬度高，為非洲地區極優質的阿拉比加種咖啡。
危地馬拉 Guatemala	來自中美洲的豆子，口感變化多端，酸而甘甜。由於來自火山土壤，帶有特別的煙薰味道。

了解世界咖啡市場，可上以下網站：

Tea and Coffee Trade Journal	www.teaandcoffee.net
Coffee Review	www.coffeereview.com

「一邊做一邊學」可說是群福有限公司總經理陳偉群Benson 的座右銘，「蔘茸海味這一行不時會應用上新科技、新方法。例如冬菇，以往都是用原木培植，直至7、8 年前有人成功以木糠培植後，生長時間比原本少了，生產成本亦因而下降。另一個有趣的地方，就是越來越多假貨充斥市面，造假的方法也層出不窮。因此要不斷學。」入行已接近十年經驗的Benson建議創業人士如果想在中成藥、蔘茸海味產品這一行發展，可考慮針對健康食品這條路走。「現在的人知識多了，知道這些食品有一定功效。如果可以即食方便，不介意俾多少少錢。」

乾貨藥材要速食
群福總經理教平做海味

Benson約8至9年前已從事跟海味相關的工作。「海味是一門好專業的學問，覺得這一行要學的永無止境，如果可以入行邊做邊學是難得機會。」在實際工作經驗加上書本進修回來的知識推動下，1998年Benson正式投身海味店零售工作。

2002 年，Benson 累積了一定經驗，成立群福有限公司，專營鮑魚、松茸、猴頭菇、冬菇及海蜇等海味乾貨產品批發。另外，群福亦代理多款加拿大食品，如亞麻籽、野米等，全部從當地進口原材料，在香港包裝銷售。產品交至日資百貨公司、國貨公司及百佳超市銷售。

不建議創業做蔘茸海味

問到創業人士如果想開海味舖應如何開始時，Benson想了一會，認真地回應：「做得呢行，要有一定認識。除非對這一行有很深的認識，否則不建議任何人創業做蔘茸海味。」

別低估這行複雜性

還以為蔘茸海味就像大部分其他行業般，只要懂得門路上大陸取貨便可。Benson解釋：「自己上大陸取貨，其實價錢唔平得好多，只相差幾個巴仙。而且你見新聞亦經常有報導：大陸食品加入了不知甚麼染料、化工原材料之類，像菇類便可能經硫磺漂過，加入化學劑之類。入錯貨的風險極大。」

國內取貨現金交收

「國內的中成藥、蔘茸海味產品批發主要集中在清平中藥材市場及一德路批發市場。去取貨時，他們會直接帶你睇貨，把一袋袋中藥材、乾貨倒出來讓你看，看完沒問題便即付現金。」

Benson又補充：「不過，在那裡可找到的很多時已經是下價貨。而且，因為看貨的時間太倉促，短時間很難睇。到運回香港時才發現問題，便為時已晚。加上廣州很難可以買到靚花菇，像我們專做冬菇的批發都不會在廣州取貨，改為直接向農民收。少了中間一層，成本下降之餘，也可取得較靚貨色。」

進口貨香港取仲平

「至於其他海味，像花膠便是進口的。暫時是在香港做集散，運上國內最後才流回香港；國內取貨價錢可能平唔過在香港取。不過也有些產品例外，例如花旗蔘。因為大陸市場比香港大很多，因此花旗蔘慣常會成個貨櫃先運到國內分 Grade 砌片。不過跟運到香港賣時的差價一般也只是平幾個%左右。」

產品種類級別太多太雜

其次就是產品種類級別太多太雜。據Benson解釋，每種產品都有不同的分級方法，以下是幾款常見產品的分級/分類方式：

燕窩：單是產地便可分成越南會安燕盞，另外還有泰國及印尼燕窩；還未計種類上可細分成不同級別的燕盞、燕餅、燕條、燕碎等。

元貝：單是產自日本北海道的宗谷元貝，便已分為 2L、1L、M、S、SS 這麼多等級，還未計中國產的青島貝。

花旗蔘：產地來源包括澳洲、中國及美國(市場只有10%來自美國)。相關的副產品已可分為泡蔘、蔘片、剪口蔘。別忘了在花旗蔘以外，還有高麗蔘(紅蔘)。

蟲草：已經分成西藏蟲草和青海蟲草兩類。以桶裝計算，10年前的香港批發價也要\$15,000元一斤；大陸約 \$16,000元一斤。

「以上的海味乾貨，粗略估計存貨成本也要六、七十萬元。當中還未計其他常見的如雪蛤膏、海蔘、鮑魚、花膠，與及一系列粗貨，即杞子、淮山等。」Benson見記者記錄上已經跟不上，便暫時停下來。

新舖 Turnover 十零萬

「最慘的是，客人入來買嘢，只會揀一兩個Grade而不會全部都買。加上客人幫趁還要看店舖的商譽。做得耐的老字號就可以靠商譽經營，新開業靠甚麼吸引生客？每個月只做十零萬生意，Sales Turnover無得做。」

入貨種類多，人客不是樣樣買，儲客難都是創業時的挑戰。

造假方法層出不窮

花旗蔘

「原粒的泡蔘價錢比起直枝貴很多。約四年前左右,有人利用壓縮機,把直枝原條垂直加壓,壓縮成跟泡蔘一樣,放到溫水中會泡開的蔘粒。」

髮菜

「因為髮菜價錢高,有人則用木耳煮溶後以注塑機擠壓成幼絲,充當髮菜賣。」

冬蟲草

「因為冬蟲草是按重量計價銷售,不法商人便在冬蟲草內加入鐵枝和鉛。有些人習慣把冬蟲草打粉食用,便連那些金屬也吸收了。還有像是在冬菇底加入鐵珠令其更重秤。幸好現在行內會利用金屬探測器檢查。」記者聽畢,不禁有點心寒。

原以為只有花旗蔘、冬蟲草這些貴價貨才會多假品,原來平價貨一樣有假!Benson又舉例:「早前也聽過大陸連$10至$20元一斤的金銀花都有假;淮山可以用木薯來冒充;杞子可以用工業染料染色。」Benson嘆謂:「對國內的人而言,賺多一元對生活的影響很大。」

「總之如果不認識,一出問題就很麻煩。再者,從大陸買貨是真金白銀現金交易。錢已經俾了,假如真的出問題,一係賣,一係掉。」

每樣貨保存都是學問

「海味產品是沒有 Brand Name 的。客人靠試,試過好,覺得童叟無欺才會客帶客。這最少要捱一年以上,還要確保當中沒有行差踏錯入錯貨。而且還未計算部分貨品保存方面很麻煩,如不少乾貨在室溫存放會發霉;燕窩室溫下放久了會乾會碎。」

留意產品有當造期

現時群福除了寫字樓的儲存倉外，另外亦與一間本地物流公司合作，設立了一個佔地較大的乾貨物流倉。同時，群福更設有一個保持在攝氏4度的冷凍倉。Benson解釋：「因為像是杞子、冬菇等產品受產期所限，一年有三造，農曆四月、八月、十二月。如果過了這些時節取貨便會有困難，因此多會大批入貨再冷凍保存。」

如果要做就做得「專」！

如果還是有興趣在這行頭創業可以點做？記者試探地問。Benson回應：「現時海味店似乎只有舊人去做。新開的通常只會主攻一隻產品，例如樓上燕窩莊那些。如果要做就要專做補品類，不能專做川貝、石斛那些粗貨，即使它們化痰止咳都係咁話。」

燕窩、靈芝有前途

燕窩已有人做了，除了做燕窩還有哪些可以做專門店？「另一種較多人認識的便是靈芝，與及最近大熱的靈芝孢子粉。靈芝孢子粉零售價介乎$1,000至$2,000 一樽。其實原隻人工種植靈芝批發價只需$30至$40元一斤，價錢相差極大，利錢極高。」據 Benson 說，冬蟲草也是可行的，不過所需開業成本較高。「因為國內很多賣冬蟲草的商人都不太老實；曾聽過國內有人把食過的冬蟲草曬乾後，加泥落去再賣，所以不少自由行遊客選擇來港購買。問題是冬蟲草本身來貨價貴，而做專門店最少要Keep 50至60斤存貨。」這也許是至今仍鮮有人做冬蟲草零售專賣店的原因。

香港人無時間烹調

不過即使決定做專賣店，卻也要面對另一個問題，就是客人不願意花長時間在烹調海味及中成藥上。「以前的女性會知甚麼是當歸，多人食。不過現在的 OL 可能連見都未見過。鱷魚肉加川貝對小兒哮喘有療效很多人都知，只是香港人實在沒有這個時間燉鱷魚肉。曾經有行家以此推出湯包，不過都很難做。」

也就是說如果針對香港市場做海味，便要想辦法為香港人節省烹煮海味的時間。「日本人很早已推出即食元貝Snack。現時澳洲塔斯曼尼亞即食鮑魚DFS賣$200一隻；東方紅也有即食魚翅；老行家推出樽裝燕窩等，都是價廉而且方便的產品。可見『即食』是大勢所趨。」

即食 ＋ 品牌 ＝ 成功

Benson繼續說：「就觀察所見，余仁生、東方紅現時轉為賣如靈芝丸、藥丸類等。這也解決了香港人沒時間烹調的問題，而且更可為公司產

品建立品牌。如果可以做到Brand Name，再可找到產品做即食產品，便可以成功。要做到放入微波爐叮，又或者淥杯麵加落去熱食，就有出路！」

Brand Name 加上即食即可成功。

送湯$1,000都可創業

「做即飲飲品，如去濕茶、五花茶之類涼茶，又或是清保涼、去骨火湯等藥材湯，製作上較簡單，市面上也未有人做。以材料成本計算，$10,000材料可以生產幾萬支。現時一些針對工商區的送湯服務，其實也是走這條路。他們預先收 Order，利潤很可觀。最大成本是在送貨方面，索價$40至$50元一客，約有兩碗分量，慳了顧客自己煲湯的時間。」

「假如不計算跟食環署取食物製造廠牌照，做湯派上門成本$1,000都可創業。器材方面只需一些煲湯設備、保溫壺。材料方面，蜜棗、中藥材由幾蚊至三十蚊一斤；黨蔘、北蓍、淮山分別約$120/斤、$130/斤、$30/斤、杞子$30/斤，上述這些材料已足夠煲出60至70碗湯。只要針對寫字樓區及高尚住宅區，靠派傳單及網上廣告作宣傳便可招徠生意，不失為一個簡單，低風險的創業方案。」

國內加工不能走漏眼

現時因為人工問題，很多食品加工都選擇在國內包裝；也有一些採用OEM貨再套上自己品牌。「找國內工廠加工做即食不是難事，不過要管得很緊。」據 Benson說，「早七至八年前曾經有行家試過進口一批蔘鬚返廠加工做沖劑。豈料被那間廠換成不值錢的白乾蔘，然後把較值錢的蔘鬚自己拿出去賣。」看來即使是自己開設的工廠也不能走漏眼。

產品取貨須知

向群福取即食貨最少要取 $1,000(包送貨)，第一次需現金交易。三個月後，開始有數期。跟不少批發行一樣，都是先由7日開始，之後加上去。數期最多30日。至於其他海味貨，Benson 透露：「本港的海味產品批發主要集中在上環一帶。如果是在上環取貨，會有街車隊日日巡。做落的車隊有兩、三隊，整個德輔道西批發都是由他們負責，一般是下午一點到兩點左右開車。」託運由批發行負責，車隊送貨會同時收埋貨錢回來。運費斷件數計，每件約$50元，由零售商支付。

行家教路

據一位不願透露姓名的行家表示，現時香港的海味乾濕貨批發由幾個商行負責；當中以五聯(操控濕貨的五大商行，專做魚翅、鮑魚、花膠海蔘、及花旗蔘等)及中成藥商會最為人所認識，底下又有不同拆家。這一行很少會有行街Sales兜生意，只有Trading公司才會有。批發聚集在上環原因是經營者主要是老一輩的潮汕人士，而上環又是他們的聚腳地。真的有興趣入行，可嘗試找一些潮汕朋友搭路，由低做起浸淫數年。老行專不太肯主動教，只好自己落手時多留意，間中遇上不明白時問一些「建設性的問題」。

濕貨最少預60萬貨

如果真打算開業做海味，可主打濕貨(海產類，如響螺片及花膠等)及冬菇。除了因為大眾化外，利錢亦較高。只做「細嘢」，貨價最少要預50

至60萬元(不做蟲草、雪蛤膏之類貴價貨)。取貨最少以箱計/斤計,如冬菇、瑤柱均是以每箱(25 公斤)計;低價中成藥以擔(100 斤)計。中秋後至農曆新年期間為旺季,其餘時間都是淡季。行內習慣在過年前要找清全部數。

教你揀乾濕貨

花菇:要揀五蚊銀大小的「一口菇」,太大會無味。蒂要細,要揀米白色菇背的新菇;舊菇黃色是儲存不良所致。分藍、綠、黃等級,黃級價錢最貴、綠為中價,藍級最平。真正的日本天白花菇要$300 - $400/斤,市面上很多其實是借種的大陸貨。

花膠:魚肚或魚鰾,分公(也母),靚花膠形狀似馬鞍,有兩條鬚,價錢可過萬元一斤。按大至細可分級成 A膠筒、B 膠筒、C 膠筒。有時遇上太大隻的花膠,商人會一開二,因此呈板形而非桶形。選擇時要揀肥厚而色澤通透,金黃色無斑點為之最靚。

元貝:靚元貝呈金黃色,表面無裂痕,厚約1cm左右。蠱惑商人會將元貝浸過水令其重稱,摸上手濕氣重即可知。另外,買時可試味,鮮味但偏鹹涸喉的話可能是用豉油、蠔油醃製過。

燕餅、燕條、燕碎、燕角:盞形差的屋燕盞打散走毛漂白便成燕碎,通常會加入60-80%豬皮或魚翅充撐。用蒸壓蒸乾成塊狀即燕餅。多豬皮的話浸好蒸過30分鐘會變漿糊。部分針狀盞形差的的屋燕會用來做燕條,用作修補燕盞外形之用。燕角為燕盞靠場的兩隻角,常用來塞入燕盞來「呃稱」之用。

百達美美膚會
Better Mate Ltd.
換膚　護膚　化粧　紋眉　修

小本辦美容院有法
美容產品批發

百達美

「早期的美容師是靠儲客，客拉客咁做。現在，不少美容學院提供課程教人開美容院，於是很多時兩三個美容學院學生畢業後，便可以合資開業。」從事化妝品批發已有三十年經驗的百達美美膚會Winter說香港政府幫助雙失青年自我增值，提升就業機會方面一直沒有鬆懈過，為他們「舖好路」。Winter 指出：「這些年來，雖然經歷過不少風風雨雨，香港社會經濟有起有跌，不過事實上，香港人花費在美容上的消費力沒有太大改變。」學以致用加上有穩定需求，小本開辦美容院話難唔難，可能就只欠取貨方面的安排而已。

化工原料廠取貨自行Packing

「香港的美容批發早期都是入原裝廠貨回香港再賣出去。現在則主要是跟細規模的化工原料廠取貨，再自行Packing賣。早幾年香港政府會對化妝品徵收入口稅，不過現在已經不用抽稅。」Winter早期入口意大利生產的美容產品，入貨約10多款。後來，那些新品牌在香港打響名堂後，廠商嫌她們取貨額不多大，於是便轉移尋找其他代理商。

Winter坦言：「果種失落真係好慘，就好似湊大個仔之後無咗一樣。這也解釋了為甚麼現時好多代理寧願自己做Local Packing。因此現時這行做批發很難做；辛苦之餘，不少客更會自己同外國廠取貨。」

Local Packing 美容產品由來

「約10年前左右，香港開始出現大型美容業展覽會。這些展會為年青人提供建立自己產品品牌的機會，也就是現時所謂的『Local Packing』產品。另一方面，外國參展商也可藉著展覽會，向本地商人推介自己的無牌子產品。加上向他們取貨量毋須太大，只要取100至200支即可交易，適合小本創業經營。」

政府推動不可少

Winter又解釋：「除了上述的國際性展覽會外，近三、四年來，香港政府對推動美容業發展一直不遺餘力，亦鼓勵業界開辦各類美容證書、文憑課程，為有志從事美容師的勞動力提供了不少入行途徑和資助。」

美容產品批發分門路

美容業產品批發可分成兩大類，第一種是只批發給美容院；第二種則是只會批發給美容產品零售店，兩者壁壘分明，絕不會踩過界。而Winter經營的便屬於前者。

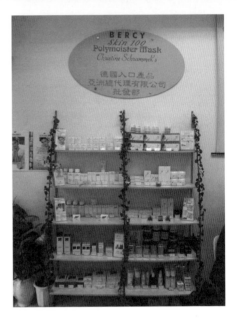

取貨價為訂價7折

向批發取貨，價錢約為訂價7折。跟大部分的批發行業一樣，美容產品取貨也是以「拗額傾價」來決定取貨價錢。美容產品取貨是以每打作單位計算，在取貨前雙方會先訂定交易貨量。視乎取貨量、該公司的品牌聲譽、過往生意往來紀錄等，部分舖頭可能獲得12送1、送2甚至送3之類額外優惠。

數期最長3個月，皇牌除外

「以前這行數期為一個月；現在因為整個經濟都未完全回復，生意難做，故會提供三個月數期。」Winter解釋，「部分『皇牌』(如 SK-II 之類大牌子產品)因為一向都有良好銷量，不愁銷路，因此零售商取貨必須即找現金。如果是做舖頭仔，不賣明牌貨，利潤會較高。」

起初入3、4個品牌便夠

　　「開舖第一批貨一定要俾現金，之後才會有數期。最低入貨額每個牌子計最少 $3,000以上；大牌子產品每個品牌計最少$10,000以上。」那麼新開業要入幾多個牌子才足夠？「香港女性心多，成日想轉新嘢試下。新開業可以不用多心，只需入3至4個品牌即可。」之後便可以看客戶反應，保留反應好的產品，並且轉入一些新貨試下市場。

　　至於開業時入哪些貨，很多時視乎執業的美容師背景。「例如美容師之前報讀的讀程是在資生堂接受培訓，因為對其整個產品線都有所認識，便自然會入 Shiseido的產品。在執業了一段時間後，才會慢慢接觸其他品牌，加入其他貨。」Winter指美容院初時試業不會入一大批貨：「例如只要入兩個品牌，一個做 Face；一個做Body，約$30,000元左右的貨便足夠。」

小本經營30萬可創業

　　一般來說，開美容院可分成兩種模式：一是在商場開的中小型美容院(最少設三張床，聘4個美容師)；另一種就是大型美容院或纖體美容連鎖店。Winter以自己所接觸過的上樓客戶為例，指出開美客院生意平有平做：「有個客在旺角中心租了一個小小的商廈單位，約足夠間兩間房、放些櫃、放兩張床。由於該單位租金只需兩萬左右元，因此開業成本只要十零廿萬。」不過Winter隨後又補充：「他們之前在紅磡灣執業了5、6年，累積了不少客戶才確保了每月有穩定收入。」

　　「美容是一門很講門面的行業，像是中環OL寧願多花一點，便很少會到一些門面不夠光鮮體面的美容院做Facial。」要刻意建立形象，可以落好重本都得。「例如針對上班族客，在銅鑼灣一些商場內租個500呎舖位，單單花在裝修上的花費過百萬亦不出奇。當然，如果只是打算做街坊生意，只要那個舖位有水喉有去水位，三十萬本錢亦可作為。」

　　「在商場開中小型美容院好處是成本低，容易儲客。缺點是得3張床不足夠做Body。儀器方面，高質素的做Body儀器動輒可以達$100,000，一般也要$50,000；面部美容的儀器較平，約$10,000左右。」有意創業的人士可以參考Winter提供的開業預算：

在商場開中小型美容院
間張三間房，設三張床
聘 4 個美容師

開業成本：

裝修	商場	$20,000 至 $80,000 不等，視不同商場及裝修華麗程度而定
儀器	分美容及 Body 兩類，平均合共約 (這價錢不可能包括近期非常流行的激光彩光美容儀器)	$60,000。
租金	以 $30,000 月租計，連上期	$90,000

每月支出：

租金	以 $30,000 月租計	$30,000
每月人工	(學徒 $5-8K；經驗美容師 $7-12K)	$40,000 至 $50,000
入貨		$30,000

入貨包括：按摩膏、磨砂膏、減肥藥水、治療藥水等
($30,000 貨是用的，只能提供中小型櫥窗的基本 Display，不包括用作 Display 的高價貨品)$30,000 中上價貨約夠用一個月)

取貨 Do's & Don'ts

未開業的人，多會Phone In約時間到批發行試Product。以下是一些要問的問題與及不應做的事：

1. 這品牌附近多唔多人取貨？這個場有無人取這款貨？(避免競爭。留意是可以細分Body及Face，有人取了Body不代表不可取Face)

2. 不要一開始便壓價。先知道該貨品的用途效用口碑，才講價。Winter 戲言，對於只會壓價的客人，她會單打她們：「五毫子俾你，不過搽到爛臉好唔好？」的確，連點用都唔知，要幾平都無用！先了解貨品比取得低價更重要。

「Training 都是批發商的工作之一，識用A牌子的產品不等於識得用B牌子。有些客是在展覽場取了Leaflet後打來詢問的。不過有些德國品牌要求美容師必須擁有某項專業資格才賣。」

行內 Terms：

皇牌	牌子響、口碑好的美容產品的另一稱呼。由於 Turnover 快，因此行內一般不設取貨數期。
開 Course	美容院提供結客戶的優惠套餐；通常是一次過支付多次 Facial / 療程的費用，藉此獲得折扣優惠。
旺淡季	主要是春節過年前後，婚嫁多，因此人客想扮靚的也多。另外大時大節刺激消費，美容業也會受惠。一般而言，1-3 月、8-10 月和聖誕都會有不錯的生意額。其他時間便屬於美容業淡季。

六萬貨本即開玩具店
新興玩具批發專訪

　　從前留意到一個叫「芝士家族」的卡通公仔系列，驟眼看幾 Cute。與一位女孩子講起，換來的回應係：「已經 Out 左好耐喇，依家我喜歡 Relax熊！」多可憐，可愛的芝士家族被人棄如過期芝士。不過，Relax熊都過氣喇。你聽貝多芬，挺無知的人也不會話你Out，至多話你老餅。今天唱得正紅的K歌，可能明天我們會開始淡忘。卡通Character也一樣，有50歲生日，其Simplicity仍無「人」能及的 Miffy；也有早已被人遺忘的咩咩咩(的確已忘記了)。正因如此，玩具精品店不斷湧現新力軍，也有十年同一臉蛋的老品牌。

700個客 2000款產品

「百貨公司、連鎖店、商場精品店、書局、文具店也有找我們取貨。」據新興玩具公司的網站顯示，超過700間港澳零售商到他們公司入貨。單是 Front Page 已陳列出超過40款其代理的卡通Character，全都曾電影中出現過、在精品店內獲年輕人鐘愛的寵兒。

新興玩具經理黃少英為我們簡介他們的產品：「我們的產品有二千多種：有玩具、文具、禮品及家品。禮品也有很多種，包括相架、生日禮品、錢箱。也有較季節性的產品，

如燈籠、揮春、游泳用品。還有汽車用品、教育用品，如拼圖、棋等等，也有 BB 用品，例如手鈴。」總之就是多不勝數。

每年新增兩三個 Character

據黃小姐講，公司會一直留意日本及其他地方的卡通潮流，若覺得某新出的卡通 Character 有潛力，便會製作一系列的產品設計，然後向外國的代理公司申請，得到批准後就可以生產。由於程序繁複費時，每年只可增加兩三個卡通 Character；但當然也會有兩三個被「Out」走，急流勇退。

不老就是傳說

「八、九成的卡通人物都是來自日本,其次如花生漫畫就是來自美國。」史路比及多啦A夢可說是新興的中流砥柱。雖然不是保持最高的銷路,這些不老的傳說也一直有穩定的Fans支持。「其他卡通Character壽命可能是兩至三年;電視劇集帶起的可能只有一兩年。」卡通Character多惹人喜愛都是出生在跟紅頂白的年代,不老就是傳說,同卡通也會唔同命。

扒地與 OL

卡通產品的對象大致是小朋友及年輕人,但細緻也有些分別。「好似超人(日本特攝那種)對象當然是男孩子;哈姆太郎一看就知屬於小朋友市場。另外OL也會有自己的喜好,她們會喜歡櫻花、四葉草、扒地熊等。」原來慵懶(甚至可確切形容為爛泥一般)的扒地熊原來也(曾)深得OL喜愛,可能是羨慕扒地熊可以有 Kawaii的熊貓眼。「買卡通精品的女性客人會多些少,但男孩也會買來送給女孩子。」

入貨細則

關於入貨,黃少英說在新興取貨沒有下限,二三百元也接受,還有送貨服務。但首兩三個月一定要COD,做熟後視情況可有三十日數期。原則上新興的產品是一律價格,沒有折扣,而零售的利潤可有50%-60%。

有 Sales 介紹新貨

「如果開精品店，應開在人流多的潮流區域。如果做好似屋村商場只有固定客戶的生意，舖位反而不太重要，客人自然會記得店舖的位置。如果文具店或書局就更加無所謂，因為只是兼貨。自己喜歡卡通公仔就當然更好，會留意會搜集。不過也不需要自己費功夫Update，因為會有Salesman到時到候Approach你，向你介紹新貨。我們新興也有自己一隊Sales Team。

入貨 6、7 萬

遊戲方式還是款多量少。「每款產品入兩三件便可。即使是300至400呎的細舖也要入200至300款貨。首次要預六至七萬元入貨。賣的貨品要合時，好像暑假就賣開學用品、中秋就賣燈籠。」試想想，要找一個身上沒有任何卡通Character的小學生妹妹，是何其艱難？似乎真是一個吸引的市場。

成衣批發9字真傳
留意市況著重獨特性

　　在本港工業中，成衣由開埠以來都佔了重要一環。雖然近年來大部分本地工廠生產線北移，但無可否認，香港依然有不少公司經營進出口成衣貿易。部分製衣廠會把一些沒有外銷的所謂「貨尾」作本地散貨。若要小本創業，向成衣批發取貨，絕對是一個好選擇。那麼，到底應如何開始第一步？當然，創業前先要為自己訂下一個目標方向，例如要賣的貨到底是走高檔抑或大眾化路線？之後，便要尋找入貨地點。以下，我們訪問本地成衣批發商，雅邦(遠東)有限公司，由他們提供寶貴意見。

生產北移，是為了降低生產成本；那麼本地市場本身近幾年又有沒有甚麼變化？香港成衣市場的發展前境如何？雅邦(遠東)有限公司發言人胡先生表示：「所謂『衣、食、住、行』，既然是『衣』行先，加上中國人有句話『人靠衣裝、佛靠金裝』，成衣市場其實仍大有可為。」想想亦不無道理，單是看女性買衫的習慣，便會發覺無論她們月收入多少，每月每季都總會撥備一定的開支用作添置新裝。

選址是第一項最重要考慮

若要做成衣生意，有甚麼要留意的地方？「首先當然要決定目標市場。以我們為例，由於主打廉價市場，當中尤以女人街為甚。因此，我們的貨色主要是針對一些較年輕化、售價相宜的。另一方面，我們亦選了深水埗作地舖，方便各買手來選購。」

地舖樓上舖面面觀

選地舖做成衣生意有甚麼好處？選址時又有甚麼要注意的地方？「以我們批發商的角度看，選地舖的好處是方便買手來選購。如果同時兼做批發及零售，更可以同時吸引更多Walk-in的Cold Call(行街)新客。他們只要看到門口的貨品，覺得適合便可行進來問價。相比起樓上舖來說更加方便。地舖比樓上舖更容易吸引新客及更具廣告效用，我們亦因此得到更多新客源，可達至雙贏局面。」

留意同一地段行家動向

話是如此，不過旺區地舖租金不菲，如果是二三線街的地舖還可以；像是銅鑼灣、旺角區做零售的話，樓上舖不一定差過地舖。記者提出這個意見，胡生先表示認同：「由於我們主打年輕的廉價市場，所以便選了深水埗這類專做街坊生意的地區。你總不可能要買手走到中環去入女人街的貨品吧！當然，選深水埗的另一原因，自然是貪它租金較平，有助於節省成本。」說到底，做生意控制成本大於一切。胡生先又補充：「選址時亦要留意同一地段的行家。畢竟，同一條街總不會只得你一家買廉價貨；多留意行家的貨色、價格也是需要的，始終要『知己知彼』嘛。」

內地取貨花時間講信任

不少人創業，自然而然想到自己親力親為返大陸入貨。其實相比起自己返大陸入貨，向本地批發取貨有甚麼優點缺點呢？「以我們為例，我們主要的入貨點是廣東省一帶，包括中山、珠海、東莞、順德、深圳等地。由於始終是內地交收，所以初合作取貨時要經常往返大陸驗貨，但做熟了雙方互信便毋須再這樣做。」自己上大陸取貨，時間是一個很嚴重的問題；對本身一腳踢兼做零售生意的人來說尤甚。人力所限，可以接觸的取貨點也有限，所以不少做零售的，來來去去都只會返深圳取貨。在香港批發取貨，揀貨驗貨時間上彈性得多，一星期花的就只是大半天。價錢的確未必如大陸取貨般平，不過考慮到時間及機會成本，其實計落條數差不多。

預留三分一營運資金

　　若想創業，成本方面又要預多少資金？「其實，成本多少只在乎公司的規模大小，但可以肯定一點，小成本的好處是風險較細，但營利亦相對不及大規模公司吸引。以我們為例，除了主打年輕的廉價市場外，公司亦有意打開海外(澳洲)市場，是故我們大約也差不多預留成本的三分之一作營運資金。始終做生意存在著一定風險，所以我會建議預留多點營運資金，以備不時之需。」胡先生又強調：「總括一句，無論大小規模公司，做生意最重要還是要有耐性。」

　　初開業的零售商是如何跟你們批發商建立聯繫？「我們通常會透過Sales 行街、派街招(宣傳單張)。再直接一點，便是到Target市場行Cold Call，例如我們不時便會到女人街『行場』，直接向目標客戶推銷自己的貨版，總之，做生意凡事定離不開『親力親為』。」也就是說，如果你是在成衣業密集的地區開零售，基本上都不用自己找批發；批發會自己上門找你。

保持獨特性及競爭力

　　對想嘗試在成衣這一行創業的人士有甚麼勸勉？胡生先認真地說：「要經常留意市場的轉變，即是要知道『而家興D乜』。至於入貨數量方面，當然要了解哪種衣服最去貨，但同時最好有一些市場較罕見的款式，以保持獨特性及自己的競爭能力。當然，大量入貨的好處是進一步降低成本，但這亦需要靠經驗的累積。」

潮流百貨倉
「潮」袋集散地

　　衣食住行為日常生活的四大元素。而在衣飾中，手袋佔著很重要的位置，幾乎出外必備。有些講究打扮的女仕，更會購備不同款式、顏色的手袋用來「襯」衫。近年，年青人不論男男女女，都喜歡使用背囊、輕便袋，代替了傳統的女性化手袋，所以售賣這類貨品的店舖，市場潛力甚大。再加上投資金額不多，要開設一間售賣中下價錢輕便袋的小型店舖，大約只需十萬元左右的資金，已經可以一過老闆癮。

售賣各類袋子逾十年

位於觀塘，主力批發兼營零售的「潮流百貨倉」，負責人梁先生可說是售賣這類袋的老行家，因為他賣背囊和輕便袋已經超過十年。後來店舖遷到現址，除了賣袋之外，還兼營布鞋、輕便鞋、運動鞋、運動服、牛仔褲，甚至精巧別緻的文具等，因此「潮流百貨倉」這個名字，實在起得非常貼切。

潮流百貨倉所賣的袋，包括背囊、輕便袋、公文袋、腰包、錢包、拖唅等，貨式以中下價為主，迎合普羅大眾。牌子主要有Zip-zone、PHILOSOPHY等香港牌子，貨品則在澳門及國內生產的。價格方面主要分兩種：零售價為二百多至四、五百的，適合較有消費力的顧客；另外一些則賣數十元，適合一般消費力的年青人。至於用料方面，則有人造皮和PU料，這些都是比較熱門的料子。

零售商開業資本

梁先生表示，由於他的店舖兼營批發，因此他所標示的零售價錢會比別人便宜一點，至於批發價方面，則為零售價的七折左右。換言之，一個零售價為$499的袋子，零售商可以約$350入貨。不過有牌子的貨品，起碼要買5個或以上，才可以有批發價。至於其他牌子，批發價錢也是七折，買$500以上貨品便可。

由此推算，要開一間專賣袋子的小型店舖，入貨成本大約在3至5萬元。以一個袋批發價$50入貨計算，可賣$79-89，毛利在五成以上。裝修方面，祇需基本裝修便可，因為大部份的袋都是掛在牆上，供顧客選購，所以一般店舖都會在牆上舖設一些小方格狀的鐵架，然後嵌上掛架等。這些鐵架在深水埗的建築材料舖可以買到。一個3呎乘3呎的鐵架，祇售一百幾十，再加上基本裝修如牆壁油漆、裝置一些陳設木櫃等，所費也是幾萬蚊。

小本經營貼士

正所謂「不熟不做」，無論做任何生意，首先要對該行業有些認識，不能像「盲頭蒼蠅」般亂撞亂碰，否則不蝕本收場才怪！以下是梁先生以他多年經營賣袋生意的心得，向小本創業者提供一些經營貼士。

1. 先做市場調查

開店舖，選址最重要，而當你選定了心目中的店舖，在開業前一定要先做市場調查，看看來逛商舖的人是甚麼種類的顧客，才決定買入甚麼種類的貨品。又或者先決定自己售賣的貨品，才去物色適當的舖位也可以。梁先生以自己為例，由於他的店舖附近多學校(中學)，這些中學生在午膳時或放學後，都會來逛逛，因此售賣這些潮流貨品便最適合。

2. 入貨款多量少

　　入貨技巧是賺蝕的關鍵。最初開業時，入貨宜款多數量少，款式多自然吸引客人，但由於未能掌握到顧客的口味，因此每款最多入兩、三個好了，以免賣不出去時積壓了資金，甚至割價求售也未必出到貨。

3. 摸索顧客口味

　　上文所述，開業初期要摸索顧客口味，這點不能心急，起碼要花數月的時間，才能逐漸掌握大部份顧客的口味，以作入貨的準繩。

4. 掌握潮流趨勢

　　手提袋是衣飾的一部份，因此要知道潮流走勢；而潮流觸覺這回事，除了經常翻閱潮流雜誌之外，也要靠平日的細心觀察。譬如現在許多人會帶著手提電腦四圍去，所以背囊、公事包等都會加裝擺放電腦的間隔，以迎合市場需要。此外，對於一些「滯銷」的款式，便不要再入貨。梁先生坦言，有些款式賣了半年也賣不去的，他便不會再入貨。

5. 夾雜其他貨種

　　若嫌賣袋子貨品太單一，可以夾雜其他貨種，以吸引多些客人入內。譬如錢包、腰帶、輕便鞋，甚至 T 恤、風褸等潮流服飾，都是同一客源，可以入少量貨品，讓顧客多點選擇，也是招徠生意之道。

對這行業的前景展望

談到這行業的前景，梁先生持正面的態度，因為袋子就如衣服一樣，是生活的必需品，因此也一定有市場。但如何才能令自己的生意不會蝕本，甚至逐漸擴張，則有幾點要注意：

1. 要有興趣

做生意和打工一樣，若是自己有興趣，做起上來也會起勁得多。相反，假如整天對著自己沒有興趣的東西，那種投入感始終會打折扣的。

2. 要夠眼光

除了熟識潮流和顧客的口味之外，更高層次的便是能帶領潮流，若自己發現有那些款式將會大熱，而在附近其他店舖還未入貨之前，自己已經先入貨，所謂「飲頭啖湯」，一定賺到笑了。

3. 刻苦耐勞

做零售生意絕對是多勞多得，一星期開足七天，每日起碼10小時，這樣才能守到一批熟客。假如「三日打魚，七天曬網」，動不動便關門不做生意，那麼，生意不理想也不能怨天尤人。

獨一無二 OL至愛
克什米爾手工藝

「若要鬥成本低，怎也鬥不過大陸。」在這個不爭的事實下，魏紅與

克什米爾朋友Sofi合伙的Ngai & Sofi Kashmir Handicraft 選擇走中高價的

路線；再以克什米爾手工藝的獨一無
二在市場佔一位置。不講不知，高山
羊毛披肩早已屬中環OL至愛，而最上
等的高山羊毛披肩就是出產於克什米
爾。

哪裡是克什米爾？

克什米爾是印度北部邊境的城鎮，與巴基斯坦、中國為鄰。印度曾被英國統治，在甘地解放印度後，英國人堅持把回教的巴基斯坦從印度教為主的印度分出。克什米爾是高原地帶，蘊藏豐富的天然資源，從此成為印巴問題的要衝，兩國均想把此地據為己有。現在印巴各自佔據克什米爾部份地方，並派遣重兵駐守；雖然雙方已不斷加速和平進程，但克什米爾的局勢仍不算穩定。一年到訪兩次克什米爾的魏紅則不以為然，對這個渡假天堂迷戀依然。若大家有興趣到克什米爾旅遊，魏紅更可代為安排。

魏紅與克什米爾朋友合伙做手工藝生意，在克什米爾有生產工場。「他們百多年來就是不斷重複製造自成一家的手工藝品，而每一件手工藝品都會獨一無二。」魏紅因一次到克什米爾的旅行和該處結下不解緣，深深迷上那裡風土人情的純樸美麗。談到克人的心靈手巧，魏紅就會雙眼發亮。

魏紅的Ngai & Sofi主要產品有：織品、首飾及 Paper Machie 三大類。織品是克什米爾手工藝的王牌，包括地氈、披肩、手袋、咕臣套、錢包、服裝等。首飾則有「牛毛」牛骨、彩虹貝和綠隱石。

Ngai & Sofi

遇水會溶的花瓶

Paper Machie 靉眼看宛如木製品，其實是用紙漿製成的。「Paper Machie」是法文，意思是「嚼碎的紙」。因為紙造的關係，很輕身。Paper Machie 有瓶、盒等不同形狀，亦因為由紙造成，Paper Machie 會溶於水，非常有趣。若是 Paper Machie 的花瓶就要用能盛水的物質做內膽了，但當然也不可以把花瓶浸入水中。

天然取材加工首飾

「牛毛」牛骨

「牛毛」牛是在高原出現的一種野牛，有「高原之舟」的稱號。體形龐大，黑糊糊的顏色，尾巴肚皮的毛長得到地。魏紅說，克人不像其他地方殘暴的獵殺者：克人不會殺牛取骨；只會在已死的牛處取骨。

綠隕石

1,400多年前隕石撞向地球，撞擊位置周邊的物質被溶解，變成所謂的「綠隕石」。觸摸綠隕石的表面會感到油性，但手並不會沾上任何黏物。綠隕石多用來製成吊咀：用鋼線扭成不同花紋的框架，把綠隕石鑲嵌其中。據說綠隕石有助練習瑜伽的人進入冥想境界。

彩虹貝

彩虹貝源自紐西蘭沿岸水位數米深的地帶。貝殼在切割的過程非常容易碎裂，又要依靠克人的一雙巧手了。

手織品

Cashmere與Pashmina

要認識克什米爾的手工藝，一定要認識這兩個英文：Cashmere與Pashmina。Cashmere指的是高原山羊的毛。Cashmere與我們一般所知的羊毛「茄士咩」是兩樣東西，Cashmere源自高原，在中國印度也有出產。不過魏紅稱中國的 Cashmere製品價格參差，良莠不齊；有些幾十元的「洗兩水」已走樣，明顯是贗品。

「現在到中環不難見到OL披上一塊Pashmina。夏天就最適合披Pashmina：輕薄如紗，攜帶方便，入冷氣地方就可以披在肩上。」究竟Pashmina又是什麼？Pashmina其實是Cashmere 的一種，是高原山羊某些部位上特別幼的毛髮，再用加倍的工序把羊毛搓揉成比人的頭髮幼十二倍的毛線。大家沒有看錯，的而且確是1/12的粗度。這樣製成的Pashmina珍品，大家也可理解其成本不可能只是數十元。「真正的Cashmere 或 Pashmina 還有一個好處，它會越用越軟綿綿，變得像身體一部份。」大開眼戒：魏紅叫我給他一隻戒指，然後她把整條Pashmina絨巾輕鬆的從戒指孔拉過。「只有Pashmina才可以這樣。」不管是真是假，Pashmina的輕盈飄逸令它得到另一個稱號：Ring Pashmina。一條100％Pashmina(70 x 200cm) 的絨巾批發價可以在$500以上。

百年刺繡手工

　　真正令克人手工獨步天下的，是其刺繡手工。克什米爾地氈與阿富汗、波斯(現今伊朗)地氈齊名四方，一張巧手的地氈可以是收藏家的家傳之寶。除了人手製作的心血，手法也是獨一無二。「這技巧叫 Chain Stitch，是一種針織手法。克人用特別的勾一下一下的勾出花紋，先把線扭成繩狀再繡上布上。」魏紅向我展示一個全由繩紋繡出的咕臣套。魏小姐一再佩服地說：「克人真是天才，同一個款式的織品他們也可以做到個個不同。只是現代人越來越喜歡機製品了。」百多年來日復日地做同一件事，巧奪天工也是可以理解。魏紅又指出，另一個手製與機製的分別，就是若手製的織品凸了線，只要剪了它便可；但如果是機製品，剪了線整個織品可能會散開。

一下一下勾出的「Chain Stitch」

刺繡手袋

取貨行情

　　到Ngai & Sofi一次取總數50件貨便可，200件起有折。現今香港做手工藝零售多是混其他國家手工藝，或再混好像服裝等貨品一起賣。在香港賣印度手工藝除了可以找少數香港批發商入貨，到尖沙咀東英大廈找印度人入貨也是其中一個方法。也有一些零售商直接到印度取貨。印度首都新德里附近的Jai Pui，就有世界著名的首飾市場。不少歐洲商人也會長駐此地。最後，魏紅不諱言，印度手工藝在歐洲與中國的確比在香港受歡迎。

賣電腦唔一定入腦場
看得準街舖一樣做得長

　　永佳科技有限公司技術總監陳銘強Allen在訪問中戲言：「做IT產品批發，猶如『High-Tech放數佬』。透過不斷做物流動作，把產品放出去；過一排把錢收回來，讓資金銀碼愈滾愈大。」不過對於想來「借貨」開舖的創業人士，Allen 則提醒他們不要胡亂跟風，經營應量力而為。永佳科技接近一半業務是經營網絡產品分銷批發。Allen指出隨著寬頻上網普及，不少家庭擁有不止一部電腦，加上新一代年青人都有一定網絡知識，銷售Networking周邊產品比其他電腦配件有更大市場。Allen建議創業人士開舖，不一定要選擇租金較貴的電腦商場舖位。只要細心研究人口分佈，該地區居民的消費習慣，即使在屯門、鰂魚涌等「外圍側場」開街舖，亦有大把生存空間。

永佳科技有限公司的前身「富達軟件公司」由陳啟良先生與陳妙玲小姐成立，主要從事POS軟件開發與及一些 System Solution Base 業務。問到為何會由軟件開發躍身網絡產品批發，陳銘強解釋：「80's 中期開始，本港IT業的變化很大(編按：Intel 80386、80486 處理器相繼推出)。電腦產品開始趨向普及化。那時接觸了不少行家，發現從事 IT 產品分銷得做，於是便在 1991 年成立永佳科技開始了批發Networking產品的業務。初時我們更是Novel網絡產品的Master Dealer。」

Networking產品高增值

「選擇做Networking產品是由於我們相信網絡產品是具有很大Value Added空間的產品。那時候擁有電腦網絡知識的只限於部分SI(System Intergration)公司。作為分銷商除了可以確保網絡產品的銷售業務外，亦可充當客人的顧問提供網絡架構意見。」

陳銘強指網絡產品增值力比一般電腦產品高

取貨要開戶

新店開業，取貨的流程和手續跟其他行業批發類似；也是要先俾BR副本開戶。Allen解釋：「如果不開戶，便只好當 End-User 要貨處理，要俾 List Price，或者叫他們找Dealer買，著此保障我們Dealer的利益。」「開戶之後，便會有Sales跟進，視察新店舖環境，給予入貨意見。期間更可能會安排提供產品Training。近兩年我們的客戶主要是零售及SI公司。雖然不少 SI均已從事網絡架構服務多年，可以仍有些對新一代科技不太清楚。向他們提供Training可讓他們更容易Sales俾客。」

取貨付款接受即日票

「第一次做生意需要COD，接受即日票(可今日入票，明天才過數)。合作順利的話，約兩至三個月後會開始提供7天數期，然後便是14天一路加上去。最長數期為30天。」

首次取貨交易額$5,000

取貨最少要取多少？「其實沒有一定限制，基本上達$5,000元可獲免費送貨。如果低過$3,000送貨便要額外收Charge。零售商也可選擇自己取貨。」

「$5,000 元貨約有20至30件左右。我的意見是不要只賣一兩個產品型號，例如你去買電器都會去百老匯、豐澤之類，貪其夠多選擇。最少入一至兩個品牌，因為每個牌子有其自己的形象。考慮牌子以外，更要留意該牌子底下各產品的功能，讓各種產品互相補足功能上的罅隙。」據Allen的建議，入貨時儘可能多入一點Low-end及Mid-end 產品(如低價的LAN Card及中價位的VPN Firewall Router 等)。在一間舖內同時提供多款不同型號產品，可讓客人易於比較。Allen 謂：「基本上一個客人如果想購買網絡產品，走進一間琳瑯滿目款式多的店舖，便已經有50％機會成功做成這單生意。」

小本開業唔一定揀腦場

「現時我們接觸過的零售商裡，規模幾大幾細都有。細舖Overhead細，一般水電和租金也較便宜，因此大有人在。除了在「三個半」電腦商場(深水埗高登/黃金商場、旺角電腦中心、灣仔電腦城，灣仔298電腦中心算半個場)內的大小舖頭外，還有一些我們稱為『外圍』舖，例如在將軍澳、牛頭角淘大等商場內賣碳粉、周邊產品之類。因為生存空間不同，故價錢可定得較高。」

Allen 分析著：「香港人很精明，知道如果下下要出高登、黃金買電腦嘢，加埋車錢時間分分鐘仲貴，寧願就近買。」不過 Allen 又補充：「千祈不要上樓開，上樓辛苦！如純做Retail Overhead做不住才會上樓，這些上樓公司主要都是做公司客。」

外圍開業推介

屯門	賣散貨價錢會定得較低，不過該區居民不會一壞電腦便抬出市區整，太花時間；因此幾乎每個月有機出。建議創業人士可賣一些較Low-end的產品。
將軍澳、沙田	人口密集住宅區，對電腦及網絡產品需求亦較高。在新城市廣場也有不少外圍舖，惟這商場租金會較高。
牛頭角	牛頭角淘大商場租金較平，不過接近工廠區，可做寫字樓客
(鰂)魚涌	該區人口主要以上班族及住宅居多。雖然以地理位置而言，User有機會到灣仔購買；不過對大部分上班族來說，放工都寧可去玩，不願刻意搭車出去，只為買幾百元的電腦產品。

開業資料預算構想：

零售商收的是街數，也就是人客進來俾錢取貨走，因此資金操作上較簡單。不過以高登為例，一個普通二三百尺舖位租金連燈油火蠟每月約4至6萬元，半年就是36萬。裝修方面倒不用花費太大，入貨方面亦具彈性。當唔請夥記，自己落手落腳慳了人工，一般開業預做最少半年生意，資金便要預50萬左右。

在這些外圍區開業，入貨方面有甚麼建議？「每區人口分佈、人流量及購買習慣不同，因此我會建議一開始應嘗試每樣入少少試清楚個Market。假如有新舖在鰂魚涌開業向我們取貨，我會建議可以先入小量主機板、小量低中檔次網絡產品如5 Port Switch，與及一些無線網絡產品。」

旺淡季：宜家講唔埋

賣電腦產品有所謂「五窮六絕七翻身」，傳聞五六月最淡。賣網絡產品是否有同樣情況？Allen 想了一想後搖頭：「受季節影響，過農曆年前零售補貨頻率會放緩。至於『五窮六絕』淡季效應，今年似乎不再應驗。據我估計，可能是因為早幾年香港人不太敢花錢，現在經濟開始復甦，香港人正好在五、六月大幅增加消費有關。」

「現時的市場很難預測，四五年前長假期Retail銷量會好一點，不過這幾年不再是了。可能是因為好多人趁長假出外旅行。據觀察所得，在平常日子，店面規模較細的行家平均每星期入一次貨。腦場舖頭密一點，兩、三日入一次；外圍店舖約隔兩星期才入貨一次。」

建議 Do's & Don'ts

Do's

1. 開業選址需考慮地理環境，每個地區的人流與消費模式亦有所不同

2. 尋找有關該地區的人均收入數據作參考，決定主力售賣高檔還是低檔次產品

3. 找「對」的代理商取貨。每一間代理商、分銷商都不盡相同。部分代理商、分銷商可幫零售商做宣傳 / 配合(如與雜誌搞活動，在廣告中加入零售商店舖的地址電話等)，推動產品銷量

Don'ts

1. 不要跟風。因為市場內只會提供正面訊息；只會知道別人賺，蝕錢你不會知道。像多年前，不少店舖就是因為跟風，只知賣MP3產品利錢高而入貨，最終卻因市場飽和而損手爛腳

2. 入貨量適可宜止。要視乎自己能力，入貨多風險亦大。IT產品Fade In/Fade Out速度太快，僅入足夠賣的貨，可讓自己有充裕的流動資金繼續摸索新的市場空間

本少一樣可以開遊戲舖頭
$3000一樣可以入貨

　　對不少人來說，電腦遊戲可說是生活的一部分，但並非每一區都有售賣電腦遊戲的舖頭。雖然，曾經有一段時間由於PS3等家用遊戲機出現造成直接競爭，令電腦遊戲商經營的生意額下降，但近年由於網上遊戲普及，令售賣電腦遊戲的商戶再次得到發圍機會。Alta Multimedia是香港一家以代理遊戲為主的公司，在香港已經有多年代理遊戲的經驗，亦曾經代理大作Warcraft等著名遊戲。現時主力代理線上遊戲，以及部分單機遊戲。根據Vivian表示，這幾年在遊戲市場上有極大改變，由以往單機市場續漸改變成以線上遊戲為主。舖頭亦由以往賣遊戲，改為近年主力售價虛模寶物及點數卡。不過由於競爭激烈，以每單交易去計算的話，利潤比以前較少。幸而網上遊戲發展快速，交易次數因而明顯上升，所以整體而言，售賣電腦遊戲產品市場的發展有相當大的潛力。

首先必須開戶口

一般來說，跟本港任何遊戲代理商取貨的流程均是相同的；買家必須要填寫一份資料，將店舖地址、電話等資料提供給遊戲代理商。代理會為買家開設一個戶口，以後買家就可以透過這戶口訂取貨物。這個步驟是無須任何費用的，登記資料主要是配合送貨之用。

$3,000即成首宗交易

單機遊戲屬於即買即賣交易，因此取貨安排較為簡單，只要單純取貨付款即可。由於網上遊戲售賣的點數卡、月費卡等貨品種類繁多，所以每次交易將會以訂購的金額作準。

Vivian 表示：「首次訂單金額不少於$3,000。只要訂購滿 $3,000，他們就會提供送貨服務，買家無須自行取貨。當然，送貨時間要視乎不同地區而定，一般來說兩個工作日就會送到。」

電腦遊戲無數期

至於不少準老闆關心的數期問題，Vivian表示由於遊戲舖頭一般較細，而且交易金額不大，所有貨品都是沒有數期。送貨時員工會同時收回貨款。批發價方面，由於貨品種類多，並沒有統一的批發價，一般來說代理會以零售價的85折左右作為批發價。

千祈咪「正、翻」一齊做

由於翻版利潤高，不少舖頭都會同時出售正版及翻版遊戲，以提高利潤。但 Vivian表示遊戲代理商是絕對不會容許零售商有這一種行為。「當我們知道那間舖頭出售盜版電腦遊戲，我們就會停止供貨給他們！」Vivian表示批發商對盜版採取決絕的態度，所以希望建立長遠合作關係的商戶絕對不能出售任何翻版軟件遊戲。

奇怪來源產品要小心

「不少內置簡體版本的所謂正版軟件，均可能是假貨，」Vivian表示從以往的經驗中，他們發現很多所謂的內地正版軟件，其實均為假貨。「這些產品外表看起來跟原裝軟件十分相似，但印刷會較差；而且內置的 CD Key均一率不能連上網絡伺服器。多數購買後的顧客均會追究購買的舖頭。」

水貨危險同樣高

對於水貨問題，很多時舖頭都會返一些售價較行貨低的水貨產品，不過很多時均會是假貨。Vivian指出對於返水貨的舖頭，他們也是不歡迎的。而且出現問題時，像CD Key出現問題，所有行貨會提供售後服務，但對水貨代理商是不會負任何責任。

現時點數卡是遊戲舖頭其中一個主要收入來源，因為每個玩家每月最起碼要購入一張。

產品慣用術語

月費卡	大部分網絡遊戲均提供的產品。每名玩家均需要透過月費卡才能夠正常進入遊戲。 
點數卡	現時線上遊戲的收費採用點數制，用家要支付一定點數換取遊戲時間或天數。部分遊戲更可使用點數換取虛擬寶物。
寶物卡	部分遊戲像「童話」就提供虛擬寶物卡。玩家購買之後直接在遊戲中換取寶物，有時玩家一個月會購買多張。 
遊戲包	每當新遊戲推出均會有的產品包。除了遊戲新推出時會有產品包外，當遊戲有大型更新時亦會推出。由於多數有虛擬寶物附送，極受玩家歡迎的產品。
特別寶物包	這些寶物包除了遊戲光碟，或是寶物卡等虛擬寶物以外，更提供一些像圖中看到實際禮物，像毛公仔等一類禮品。這種特別寶物包亦是玩家喜愛的產品之一。 

舖頭選址宜近住宅區

　　由於現時網上遊戲會不時推出新的資料片，加上點數卡及月費卡等均是經常會購買的產品，舖頭選址最好附近有大型住宅區。學校附近亦是一個相當好的開舖地點，讓學生可以在下課後回家前可以購買遊戲資料片及點數卡，可以有效高營業額。

特別版本最好賣

　　現時不少遊戲推出時，大多會分為標準版本及特別版本。由於特別版大多會附送虛擬道具或是現實中的記念品，所以會較受玩家歡迎。入貨時，可以考慮同時入標準版及特別版產品，比例約為3：7左右，可以確保特別版不會缺貨。另外，點數卡亦需要經常齊備，讓客人形成購買習慣，才能夠得到一班長期客戶。

取貨數量多少隨意

人造首飾入門二三事

　　穿戴人造首飾的優點之一，是毋須擔心被盜竊或搶劫；此外，人造首飾價格相宜，女士們可以不時添置新款式。新興人造首飾有限公司的楊漢流先生自70年代起從事人造首飾批發，今次為我們解說人造首飾的入門二三事。

人造首飾有幾類？

　　「主要都是頸鏈、手鏈、耳環、戒指、腰帶、腳鏈、襟針及吊咀。頭飾我們較少造。」手鏈和腳鏈設計差不多，只是手鏈多數7吋長；而腳鏈多數9.5吋長。總覺得女性帶腳鏈有點中東女郎的神秘誘惑，問到腳鏈是否新潮的玩意，楊漢流說：「不是啦，已經出現了很久。男女都會戴，有些是去沙灘時戴。」在各種類型中，以手鏈及耳環銷量最高；腰帶就不太流行了。大家入貨時便要留意。男性的首飾亦有市場。楊漢流所買的首飾大概有半成是專為男性而設計，主要是戒指，其次是手鏈和頸鏈。當然，現今男性帶耳環亦已不足為奇。

男士戒指

材料

　　人造首飾的材料主要是五金、玻璃石和塑膠。其中以五金最受歡迎。五金可電鍍成不同的顏色如黃金、銀、古胴，造成各種金屬的模樣。一般以鍍上銀色的首飾最受歡迎。玻璃石就可模仿鑽石；膠珠當然就是看似珍珠。塑膠也可以透過電鍍模仿金屬，但要先鍍上一層紅銅色，才可鍍上其他金屬顏色。

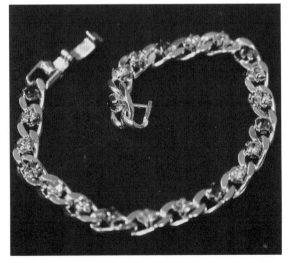

來源地

　　楊漢流在大陸自設廠房，所以大部份首飾也是大陸生產。「這個當然是現今趨勢。一些時興的款式可能會從韓國、日本及台灣等地入口。但時移世易，日本也要在大陸設廠！」但個別物料也有例外，例如日本製造的膠珠手工較好，因此部份也會從日本入貨。玻璃石則以俄國、奧地利及捷克為最上乘。楊漢流的玻璃石則一律由奧地利入貨。

　　「全日本製造的人造首飾價錢會高很多，現在大部份在港的人造首飾都是大陸製造，貨品價格也不會有大差異。」設計方面多數會參考一些外國的首飾雜誌。以前比較「好景」時，每個設計生產千多打也有；但現在通常只會生產幾百打，貴價的甚至更少。

取貨

　　取貨數量很自由，每款一打也可。貴價的更可能數件已可以。

款式五花百門的人造首飾。

零售商

　　香港的人造首飾零售商主要也是透個本地批發商取貨。「但可能現在經濟差，市場已經沒有以往那麼興旺。大陸亦分薄了市場，有些顧客直接上大陸買。」楊漢流謂中國市場開放令競爭加據，分薄利潤。

　　一般來說，新開張純粹做人造首飾的零售商，通常會取二三十款貨品。一些混合其他貨賣的可能會取十多廿款，視乎店舖大小。至於找楊漢流取貨的小販，取的通常會款少量多，只選一些好銷的。總數當然較少，盡量減少萬一被充公的損失。

給零售商的意見

　　「選擇的地點要好，要了解市場趨勢，知道什麼流行。還要有耐性，做生意就是這樣。」老生常談總是知易行難。另外有兩條取貨規矩：「不能退貨，只收現金。」楊漢流謂一些人造首飾生產之後就會氧化，變瓦色，退給他，也不能再買了。

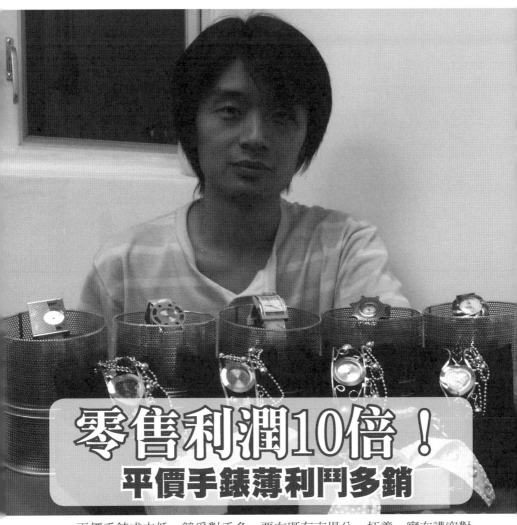

零售利潤10倍！
平價手錶薄利鬥多銷

　　平價手錶成本低，競爭對手多，要在既有市場分一杯羹，實在講究對市場的認識。Winshops手錶批發的盧育峰先生與友人合作辦平價手錶批發已半年，因有親戚在內地辦手錶加工廠，可提供較多時尚款式的手錶，盡量迎合客人口味。盧育峰透露他的錶款獨特因而少比較，零售利潤可高達10倍！

女性市場為主

「客戶中台灣人佔
七成；香港人則佔三
成。」據盧育峰所說，
兩地的款式需求也大同
小異。香港的客戶有廉
價錶店、平貨散貨場、
小攤檔及小量的時裝
店。其中很多也是創業的年青人。而盧育峰亦兼營客貨車速遞，可免費為
客人送貨。

「我們的手錶對象當然是女士為主。女士佔七成左右；小朋友佔兩
成，男士則只有一成。」不說不知，原來最少買平價錶的是男士。「男士
都愛實用，不介意買一隻較耐用的名牌，而我做的都是平價錶；女士當然
不同，經常要求新款，追潮流，平價手錶可以買多些不同款襯衫。」情況
可謂和人造首飾同出一轍。「阿媽也喜歡買些得意的錶給小朋友戴。」盧
育峰說。似乎購買的力量主要也是源自女性。如果有一天女性變得「長情
戀舊」，香港的經濟不知會受多大影響。

手錶也換季

原來不同款式手錶的銷量也有季節性。「可能因為夏天多水上活動，
男士的防水錶在那時會較好銷；女士方面較輕巧的手錶也更好銷。天熱自
然不想帶一些「啜手」或「墜手」的錶。冬天會多人買鋼帶錶。」

款式與材料

　　至於款式方面，男士與小朋友錶的款式變化不大，都是女士的款式常轉。「近來興這些手鐲錶。」手鐲錶以銀色為主，設計較成熟高雅，但一邊又吊著數個鈴鐺，不失青春氣息。材料方面主要是合金、銅和鋼。「我不喜歡做膠錶，因為(平價)膠錶的市場實在太爛，供應太多。我們提供的主要是外形較特別的金屬錶。」

Tailor-Made Watch

　　Winshops可盡量依客人的需求配搭各樣配件，由內至外也可。「曾有台灣的客人不想要任何大陸製的部份，我說錶面就一定是大陸製的，但其他零件我可以替他找些如日本製造的；當然價錢會提高。」但盧育峰說零件則不接受個別批發。

　　Winshops也可為客戶特別製造印有自己標誌的手錶和手錶盒。價錢不變，但要做至少500隻，需時一星期。

原來如此

　　在CASIO的G-Shock出現時，曾覺得綠色夜光功能很酷很神奇。這天見到盧育峰的貨品中有一隻錶的錶面可同時有三種不同顏色的夜光功能，不禁探問其原理。盧育峰解釋，那是因為在透明錶面底下放了不同顏色的濾光紙罷了。原來如此 ⋯

入貨事宜

「零售找我們入貨，通常一款會入三至五隻，款數就不定，視乎規模大小。但總數要超過40隻才有交易。熟客我們會給折扣，但多少也不定，視乎大家過往的合作經驗。」

因為平價錶價錢低，批發與零售也很少提供修理訂服務。「因為買一隻新的也不會很貴，多數客人只會換貨。但如果客人需要修理工具我們也有供應。」盧育峰說電池的壽命大概年半，他也可以酌量附送一些電池給客戶，但當然不能「買50隻送50粒」。

在送貨與交易方面，盧育峰說：「香港的話，數量夠大我便會免費送貨。大 Log(幾百隻)的話三日內送到；較小量可能要「就車期」，需要四、五日至一星期不等。如果太小量(幾十隻)客人就要到倉自提了。我們慣常都是現金交易。如果是台灣客，我們會在收到匯款後才寄貨。在港送貨動輒也要兩三日，寄船前前後後會花太多時間，會令客人不滿；所以我們都是空運的。」

小本只能薄利多銷

盧育峰認為，若要自創品牌，則可能需要先把貨拿到外國(如歐洲)，取得知名度再打開香港市場。「始終浸過鹹水係馨香一點。」

盧育峰坦言平價錶生意在香港不易做。「有些經營散貨場的人能夠吸納非常大數量的貨,他們就直接從大陸廠商入貨,然後用接近批發價的價錢出售,『做爛市』。大陸開放市場又令手錶成本減低,加入競爭的零售商也增加,利潤也減低。雖然如此,一直以來平價錶都以薄利多銷取勝;品牌錶雖然利潤高,但入貨所需的本錢會高很多,未必適合小本創業者。一些較名貴的品牌更要零售商有一定信譽才可寄賣。」

利潤一倍至十倍不等

盧育峰透露他生產的錶的批發價是$10-$15左右,而零售標價幅度很大。三四十至百多元也有。因為款色獨特沒有比較,一些位置即使標高價也有市場。相信大家也可預計到,其中以女裝錶利潤最高。

盧育峰鼓勵想嘗試賣平價手錶的創業者可以嘗試在一些短期租約的地點開始。這樣一來可保持客人新鮮感,不需待該地點的市場飽和;二來

可先揣摩不同地方的客人口味。有些地點標價四十,有些可標百幾,地點選擇的重要性可見一斑。

熱潮雖過魅力仍在
專訪穎姿天然水晶飾物

　　天然水晶玲瓏剔透，種類繁多已深得女人心；各種轉運功能更吸引不少男士喜愛。雖然天然水晶市場已不復當年勇，但似乎仍有一定魅力。

不過把水晶的功能說得愈天花龍鳳越神化，又愈難使人放下戒心接受。究竟水晶功能有沒有可用科學解釋的地方？穎姿水晶飾物公司的何穎生為我們講出他自家的一套見解。

144

多用途的水晶

　　何穎生經營天然水晶批發超過六、七年時間，客戶來自新加坡、台灣及香港，其中香港佔六、七成。穎姿水晶飾物公司的水晶石種多不勝數，當然包括如綠幽靈、粉晶、黃晶等吃香的晶石。飾物款式有吊咀、戒指、手鏈等；也有配件形式的，如用來鑲在衫鈕、鞋或戒指的晶石。此外當然有各種加工和原石擺設。

人心惶惶等運到

　　「坦白講，天然水晶的潮流可說接近水尾；五、六年前就非常流行。流行的原因我個人認為是金融風暴人心惶惶，大家都無運行當然希望可以轉運。」人在際遇前無能為力，於是寄託超自然力量無可厚非，何穎生的講法也不無道理。但何穎生本身不太相信很多關於天然水晶的「誇張」能力。

聚寶盤

水晶有助血液循環

　　「我自己做呢行會看好多關於水晶的書，我個人認為較有說服力是水晶會刺激一個人的血氣，令一個人積極。」聽起來還是有點神奇。何生再講：「水晶有石英成份，石英是製造手錶的原料，每件石英也有自己的頻率。人們常說把水晶放在掌心前打圈，掌心會感覺到能量。其實水晶不是會釋放什麼能量，只是當你血液裡的負電荷的頻率和水晶相應就會有共鳴。

情況就好像小學生用絨布磨擦間尺，吸紙碎一樣。之所以是掌心，是因為掌心的皮膚最薄。頻率相應就會刺激血氣，也即是血液循環，那腦袋也自然會精神，人也會較積極。」神化的東西不是人人會相信，但以最不神化的方法作解釋，一定會得到最多人的信服。如果真的可以刺激血液循環，雖然不及橫財就手、桃花旺般吸引，記者覺得也不失為天然水晶的魅力。

信則有；不信則無

「其實心理作用也不少。譬如女士戴了條粉晶好靚，男士自然會望多兩眼，咁同男士的接觸就可能增多；夫婦想改善關係而戴了水晶，就是一個Signal，另一方見到這樣的水晶，就會知道對方的意思，知你有這個心。」何穎生的講法當然和他的身份有些微關係。「因為零售商要賺錢，要令客人信服，風水學說當然比較好。不過那些神秘的說法始終是信則有；不信則無。」

洋石加入東方玄理

香港的運程書也有教人每年以水晶改善運程。水晶其實是來自西方的玩意，但卻注入了我國的堪輿玄理，確有點耐人尋味。「配戴水晶的確是由西方傳入，但起初並沒有改運之說。大家也知道台灣人滿天神佛，翻譯外國書籍時就可能加入了風水玄學。至於水晶的玄理效用是出自誰人就無從稽考。台灣人很多人熱愛玩水晶，相比之下，水晶在香港就較像潮流。」那西方有沒有關於水晶的超自然說法？「也有的。好像這個『大衛之星』就據說能夠產生能量。」

清洗不同淨化

「清洗和淨化是兩回事，很多人會把兩者混為一談。」據何穎生所講清洗是要補充養份，維持水晶的生命；淨化就要維持水晶的電荷，使其繼續與配戴人的身體起共鳴。「礦物就是水晶的養份，沒有礦物補充長久下去水晶會乾燥、濁化，甚至斷裂。但我們不能用水喉水清洗。因為水喉水有大量鐵質，鐵質滲入了水晶的裂縫水晶會變黃。我們可以用礦泉水清洗，如果用蒸餾水就要加粗鹽。」

淨化方面，何穎生只相信紫外線清除飽和電子。「紫外線會清除飽和電子。你將水晶放在水晶簇，水晶簇就會把紫外線折射到水晶，聚寶盤、水晶沙原理也一樣，而用水晶沙更是最平的方法。直接放在陽光下也能讓水晶吸收紫外線，但暴曬下水晶會爆裂。」何穎生告知記者，每個月有一天何生的店舖也會不做生意，把店內的水晶用鹽水大清洗。何生認為不論零售或批發都應該定期清洗水晶。

水晶店入貨開舖Tips

循例也要問何生哪些水晶最受香港人歡迎。「綠幽靈就旺事業、黃晶就旺偏財、碧璽(碧茜)就旺健康、金髮晶旺正財、月亮石人稱有美容功效、紫晶就開啟智慧、粉晶就旺人緣，最大路就是這些。」

宜做中上價貨

因為何穎生的店舖兼做零售，所以取貨並沒有下限。「真正的天然水晶一定是貴的。如果想入行做零售，都係做中上價(水晶)比較好。平價貨點平都唔夠大陸製造的(合成水晶)平，根本冇著數。首飾方面，吊咀手鏈會較好做；戒指要預好多尺碼，客人又會經常要求改造。」

利錢由10倍到10%

何穎生坦言幾年前水晶市場正旺，零售利潤可有十倍；現在有10%已很好。但當然市面也有地方叫高價。

開舖要寧靜舒適

要開水晶店，除了水晶還有一些配套要購入：「穿水晶的繩、洗水晶的儀器、克磅、Display櫃。」這些設備何穎生的店舖也有供應。「小公司要效法大公司的經營手法：定期清洗水晶、經常轉Display、印製水晶功能表。選擇舖位要寧靜，可播一些舒服的輕音樂。讓客人進來係釋然的，會好願意坐低慢慢傾。喜歡水晶的客人心態都如是，大都想尋找安寧。」

要識真貨；莫賣假貨

「開舖當然要熟識鑑別水晶的品質，怎樣是A貨；怎樣是AA貨。有人搵我地入貨我地都會教佢。千萬不要入合成或半合成的假天然水晶混水摸魚。賣水晶很講信譽。只要客人信你，你的舖即使比人遠、價錢即使稍貴，客人也會找你，因為放心嘛！你只要欺騙客人一次，人家以後也不會再來。」

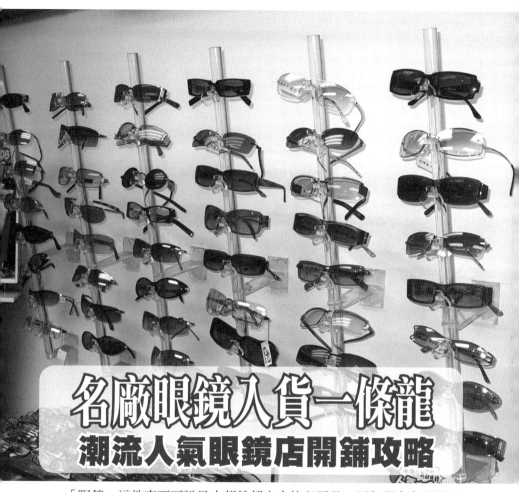

名廠眼鏡入貨一條龍
潮流人氣眼鏡店開舖攻略

　　「眼鏡」這件東西可說是大部份都市人的必需品，因為視力有問題而要配戴眼鏡的人多不勝數，但為了「型」而戴眼鏡的人亦為數甚多。無論大街小巷、商廈廣場都總會見到一兩間眼鏡店。這門看似專業的生意總是令人卻步，但想不到只要搞掂舖位，有很多名廠眼鏡代理會為你提供一條龍式眼鏡供應服務。如果再加上本身的潮流觸角，開創一間獨一無二的眼鏡店又豈是難事！

眼鏡業10年來改變大

目前香港的眼鏡店看似繁花盛放，因為每條大街總有一兩間，每個大小商場都會找到一間。可能大家會留意到一些商場地舖形式的眼鏡店都是集團式經營，單看這個情況好像表現出眼鏡業只由幾家大集團壟斷，但事實並非如此。很多時大家都忽略了一些不起眼的「樓上舖」。眼境業在過去10年間，也有著重大改變。

代理批發多款名廠眼境的港業製品廠公司老闆謝先生表示，眼鏡業正趨向多元化發展：「在10年前，獨立眼鏡店在香港大約有500多家。但在這10年間慢慢減少，開始由集團式經營。這並非代表眼鏡業在息微，而是一些規模較少、較著重服務品質和熟客生意的眼鏡店轉移向樓上舖的形式發展，提供更貼身的服務。」

雖然地舖很多，但開業還是建議選租金較便宜的樓上舖。

創業建議

眼鏡業競爭看來很激烈，但謝先生卻說目前眼鏡店創業還算容易：「雖然集團式經營的眼鏡店很多人，但開眼鏡店其實不太困難，單是計我們的客戶，過去3個月已經有10間新眼鏡店開業。」對於開業忠告，謝先生建議小本為先：「自己開眼鏡店，首先最重要選較便宜的舖位，地段可以不用太旺。租金最好在2-4萬元以下，而且最好本身有從事眼鏡業的經驗，並且有一定的熟客，起步就會較為輕鬆。開業後的宣傳亦很重要。

眼鏡框種類

1. 油脂金屬架

　　一般我們在眼鏡店買到的金屬架，亦是最簡單的一款。售價一般比較便宜，款式亦很多樣化。

2. 鈦金屬架

　　另一類金屬架，比油脂金屬架輕，售價亦比較貴。款式比較斯文大方，款式變化亦會比較多。

3. 童裝架

　　顧名思義是為小朋友而設的眼鏡框架。體積比較小，款式亦偏有趣可愛。

4. 膠架

　　近來較受年輕人喜歡的塑膠架，售價屬最便宜，但潮流感十足。

5. 太陽眼鏡

　　除了遮擋太陽之外，就是用來裝飾，有分金屬架和膠架兩種。

開店須知和準備

1. 尋找舖位

雖然很多集團式經營的眼鏡店都選擇在大街或者大型商場開店，但這些地方的租金會比較貴。正如謝先生之前說過，眼鏡店的舖位對人流要求不是太高，建立口碑和客戶網才是最重要。所以如果開業成本不高，最好找租金低於2-4萬元的舖位。樓上舖也是眼鏡店理想的經營形式；事實上目前很多個體戶式的眼鏡店都是以這種方法經營，大家可以作為參考。

2. 裝修成本

找到店舖後就是要裝修店舖。眼鏡店的裝潢都大同小異，儘量以大部份空間展示產品，例如層架和玻璃飾品櫃，是眼鏡店裝修的最大支出。謝先生表示，這些裝修費用大約需要5萬。如果稍為講究一點可需要10萬，但是以玻璃櫃的成本來說5萬是逃不掉。

3. 器材和人才

驗眼是眼鏡店必須要提供的服務之一，所以除了舖租和裝修以外，購買這些器材的費用也要包括在內。一般器材有驗眼機、測光機和投射機等，這些器材約需5萬。其中最貴是驗眼機，單一台就需要3萬左右，是所有器材中最貴的，這些器材可向Canon、Nikon等提供光學器材的公司訂購，亦可分期付款。政府規定眼鏡店最少要有一位註冊試光師長註店舖工作，目前招聘一位註冊試光師月薪大約$14,000至$16,000，最好大家可以找一位註冊試光師朋友作拍擋就可省回一筆。

4. 取貨

據謝先生說：「如果跟我們取貨，起初並沒有『數期』可言，一般是COD(Cash On Delivery)。直至交易大約3次以上，我們才會容許有數期。至於入貨量沒有上限亦沒有下限，一般最少會訂100對眼鏡。一般第一次入貨都需要準備最少5萬資金，當然訂得越多就會有折扣。」

利錢可觀		
	入貨價	每對眼鏡大約 $500
	零售價	大約為 $600-$900
	利潤	每賣一副的利潤約為 $100-$300。

眼鏡舖經營Tips

針對客路入貨

正如謝先生一路強調，開業成本儘量降到最低，在開業前應先了解自己客路，以及自己想針對哪一類客戶。例如青年人喜歡膠架，在辦公室工作的人則喜歡較為斯文的金屬架。所以，在入貨時應考慮客戶口味，針對他們的喜好入貨，就可以確保貨品有一定銷路。

重視服務

眼鏡業基本上不單單是賣貨品，而同時在賣服務。如果服務夠細心，就能夠留住客戶和增加客源。之前亦提過眼鏡業很講究客源，而且最好自己先建立一堆熟客，熟客會再來回之餘，還會介紹其他朋友來買眼鏡。所以驗眼、護理和售後服也要做得好。眼鏡保養方面，謝先生說一般保養期為4個月，當然不包括人為損壞，有問題的架框可以送回港業更換。

隨時更新自身資訊

任何行業的資訊都會變，眼鏡業亦不例如。眼鏡的訊息和流行款式亦在不停變動。謝先生建議，入行之前最好先對目前眼鏡款式有一定認識，再靠自己雙眼，留意其他眼鏡店的款式，多看相關的雜誌，以及主攻日本的眼鏡網頁。因為香港很多眼鏡款式都與日本很貼近。

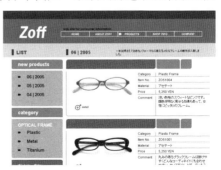

多看一些日本眼鏡網頁，亦有助自己貼近眼鏡潮流。

一條龍樓上店vs外圍地舖
Kappa總代理醒你開業貼士

Kappa運動用品香港總代理雄姿體育用品有限公司董事總經理何蔚文Wayman認為,做生意信譽最緊要:「不是賣咗收咗錢就叫叻,而是應該正確地了解客人需要,將合用的產品介紹給客,令客人滿意。要用心跟、負責任,因為現在客對服務的要求不同了。」因為這緣故,創業人士即使要向他們取貨做零售,也要過五關斬六將,分別通過選址、經營方式、經營態度等批核後,才有機會合作。Wayman:「因為我們知道怎樣的經營方式才生存到。」

背景簡介

　　雄姿體育用品有限公司成立於1978年，當時主要業務乃運動用品零售為主，第一間舖位於跑馬地。80年代初，雄姿擴充至擁有4間舖，其中兩間較多人認識的分別位於荃灣及旺角水渠道。

　　據Wayman憶述：「當時運動用品市場上還未有連鎖店概念。Nike、Adidas 等外國一線品牌在本港設立 Sole Agent，再由它找多間批發商分銷。我們看準這個商機，於是便在零售業務之外，開始批發生意。直至1985、1986 年間，兩大公司都相繼轉型，在本港只找一個代理，因此在80年代尾，我們決定要做自己的品牌。」

　　雄姿第一個經營的品牌是1989年開始做的Patrick，主攻足球用品。在年半之後，雄姿認識了歐洲Kappa的代理人，於是便開始以水貨方式入貨。經過一段時間的銷售後，雄姿確認Kappa品牌在香港的市場潛力，在1990、1991年正式取得獨家代理權，亦成為Kappa產品的License Agent。自2004年起，雄姿更代理戶外用品Helly Hansen品牌，提供全天候運動用品選擇。

產品類型

雄姿經營的 Kappa 運動產品，服裝佔了90％，其他約10％。服裝當中又可細分成足球系列及其他Causal Sport系列產品。雖然產品有這種粗略分類，不過何蔚文亦指出香港市場對於運動服裝產品的分類其實很模糊。「像是香港人踢足球，也不一定要穿足球鞋，因此我們代理Kappa產品的方針也儘量香港化，以配合香港Market。在零售商層面，他們不會刻意去清楚分類；他們只會分那種貨好賣與不好賣。當然，在批發商的立場，會要求零售商每個Product Line的貨都取齊。」現時Kappa產品主攻25至35歲消費者，未來我們會希望可以擴展20至25歲年青人市場。

採用專利技術

要數Kappa最為人所共知的專利技術，當然不得不提率先採用緊身物料製作的 Kombat系列足球球衣。何蔚文解釋：「以往的球衣都是鬆身的。當年Kappa推出革命性緊身球衣是基於幾個考慮。首先因為球員經常運動，體形大都很健碩，緊身衣有助展示他們的身形。其次是緊身球衣令足球員沒那麼容易被人搣衫；即使被人搣都會好明顯看得出犯規。最後就是讓球衣更加透氣，有效蒸發運動員的汗水。」2000年時，Kappa贊助意大利國家隊首次展示這種嶄新的Kombat系列球衣，自此不少球隊都開始採用緊身物料球衣。

Kombat系列緊身物料球衣

市場發展兩極化

「產品發展趨勢呈兩極化,其中一部分廠家非常著重服裝的Feature,即使 $100多元一件衫都要求有特殊功能;當中Nike的便可算是代表。另一部分客就開始不著重Quailty,而會選擇較時裝化的服飾。像是Pumper、Adidas等品牌現時走的便是這種方向。」Wayman指出。

「零售業經營方面,也是在急劇變化中。可以看到的是越來越多品牌建立 Mono-brand Shop,獨立的運動用品店正逐漸被大型連鎖店淘汰。對批發商而言,現在可以選擇的零售商少了。其次因為香港租金貴,零售商變得很選牌子和款式,不會所有貨都入。雖然,也有某些明知是死貨也會入,不過主要是為了展視某個產品系列的完整性而已,純粹為了曝光。」

旺角競爭大新舖難經營

香港人的購物心態:集中,希望在一區看齊所有的款。因此自80年代後期,運動用品店選址都集中在旺角花園街。雖說如此,近年新開的運動用品店卻有外圍化的趨勢。何蔚文指出:「新開的運動用品店都集中在尖沙嘴加連威老道一帶。主要原因是連鎖店需極力向旺角以外的地區擴展。」

何蔚文分析：「旺角競爭太大，新舖很難經營。大品牌一般不會考慮出貨給細舖賣，他們有自己的連鎖店與、自己做宣傳。香港租金貴，如果小本去做，只賣幾隻兩三線產品根本引不起客人消費意欲，也做不了。」何蔚文建議有意在這行創業的朋友可考慮以下三種方式經營：

1. 樓上舖 「現在如果打算小本開運動用品店，可嘗試做樓上舖，主打足球方面的產品，要賣啲特別嘢。而且可提供一條龍服務，例如幫客人在波衫上印字、熨章之類。」

2. 地舖選址外圍區 如果一定要做地舖，便可以選擇在外圍區，例如元朗、粉嶺等地區。由於大型的運動連鎖店在這些地區的發展尚未成熟，選擇在這些外圍地區開業便可以避免與連鎖店直接競爭。

3. 加盟店 最後就是成大著名品牌運動用品的特許經營加盟店。何蔚文指在香港暫時仍未見成為風氣。

第一次取貨開戶攻略

何蔚文：「基本上也是要先開戶口。不過也要看對方的舖位位址，如果該區滿了便不會再開新戶口。其次會看他們打算如何經營，會取甚麼牌子產品。像之前提過，如果全店都是二三線產品，沒有其他外國一線貨，也不會俾貨他們做。」(是因為要保持品牌形象嗎？)除了要顧及品牌形象外，是因為我們知道只有一線及二三線一齊做才生存到。」

符合上述要求之後，便會做最後批核。主要是考慮對方這間新舖形象如何；肯定他不是玩玩下才會跟他做生意。一開始一定是 COD。以前這一行約三個月便會有數期。不過現在市場變化太快，我們差不多要合作一年才會給數期細舖。當然，如果找我們合作做Kappa品牌專賣店，我們會把對方當成Partner，提供更多支持，例如可讓他們轉貨。因為有時貨賣不到也可能是我們的問題，這樣對大家都好。其實我們也是想零售商把我們的貨正正經經地展示出來，乾淨地賣而已。

首次入貨$50至$80萬

如果是300呎的外圍地舖，首次入貨大概要預$80萬貨錢。這$80萬貨約可營運頭一至兩個月。如果是樓上舖的話貨底要求相對會較低，約只要$50萬左右便可以了。當然，期間要視情況定期補貨。「做零售貨底好重要，不能夠只入太少、補又補得一件，賣完要等入貨，消費者見你這件又無那件又無下次便不會幫襯。」

有趣 Terms 解說

數字暗語

據Wayman指，花園街的運動用品店擁有一套自己的數字暗語，行外人聽不明白。例如「丁」就是 1、「元」是 2、「王」是 3、「子」是5等。「有些時候遇著無Size，例如客人說要7號，沒有7號 Sales可能會把8號拿出來給客，而客人著上身又覺得適合。這些暗號便可以減少很多不必要的麻煩。或者有時跟代理取貨傾折扣時，便不用怕給客人聽到。」

SKU

即Stock Keeping Unit，是貨品的單位。每一個色一個款稱為一個 SKU。

花店競爭大
靠新鮮、品種多守業儲客

　　開花店(零售)是許多女性的夢想，但在現時這個不明朗的經濟環境下，開花店是否有穩勝的把握？「輝記鮮花批發」力哥向創業人士分享他十多年的花店經營心得。力哥坦言，鮮花批發這一行是越來越難做；因為太多人入行，競爭太大。他們店舖的優勢是位置好，有一個大單邊，舖面也較大，才做得住。不管是做鮮花零售也好，批發也好，不斷求變可說是不變的生存法門。

於金融風暴後開業

　　回想到97年尾，本港經歷了一場金融風暴，商界人士叫苦連天。偏偏「輝記鮮花批發」卻在金融風暴後第二年(即1998年)開業。身為輝記開國功臣的力哥，憶述當年其老闆梁先生創辦「輝記」時，也曾經歷過一段艱辛日子。「那時的生意的確很難做，因為當時我們的鮮花供應主要來自大陸，來來去去祇有珊瑚、孔雀、玫瑰、劍蘭、丁香花等幾個品種，貨式品種少，自然較難吸引客人光顧。」

　　後來有沒有改變過經營的方針呢？「我們邊做邊學，一邊觀察行家的經營手法，發現別人有賣來自其他國家的花，生意比我們好做得多。於是我們便開始引入新加坡、紐西蘭、台灣以至美國的鮮花作批發，逐漸扭轉劣勢。那是大約開業一年多之後的事。」

鮮花移至國內培植

　　時至今日，輝記的經營方式又有了改變。「現在我們的花大部份來自中國昆明。」竟然開倒車，又再祇售來自國內的花？「當然我們的經營方針不同了，現在我們是將外國的花種，移植到國內培植，成本便節省了不少。」

　　力哥隨便拿起一扎花：「你看看這扎『紅豆』，正宗的紅豆是以色列出產的，一扎售$130元，但若是由大陸來的，一扎才$50元！這種荷蘭百合也是，正宗由荷蘭入口的，要$400元一扎，但大陸的平一半。我們吸納了外國的種子，移往中國昆明種植，可以減省成本，成本輕了，生意便易做得多。」

　　做生意本來就是要識變通的，輝記這樣的經營令他們在逆市中仍能守得住。「現時我們在昆明有鮮花收集站，那邊的同事在花場選購到合適的鮮花，便包裝妥當，再運來香港出售。」不過，力哥卻又強調：「並不是所有花都是來自大陸的，仍有一部份的花來自其他國家。譬如蕙蘭，主要來自紐西蘭和荷蘭；還有新加坡的天堂鳥、紅掌、綠掌等，亦有一些花種來自台灣、美國等地。」

品種繁多百花齊放

　　觀乎輝記所售賣的鮮花品種，有繡球花、太陽花、百合、馬蹄蘭、玫瑰、菊花、天堂鳥、紫羅蘭、跳舞蘭、大眼雀梅、蠟梅，以致康乃馨、菊花、薑花、桔梗、滿天星、「飛燕草」、「百子蓮」等，林林總總，用「百花齊放」來形容，可謂最貼切。

促成生意靠把口

據力哥表示，在芸芸眾花中，以百合、玫瑰和菊花最好賣，可能這三種花都是有代表性的花，各有捧場客吧。當一個客人來幫襯，但卻「花多眼亂」，不知如何選擇時，身為營業員的他便會發揮他的口才。「做生意，口才很重要，如何說服客人買你的花，便要憑三寸不爛之舌；此外，品種多，貨種新鮮，也是招徠顧客的原因。」力哥分享他的經驗。

舖內特別設置雪房

所謂鮮花易謝，凋零了的花自然難賣得出去，那麼花店又如何令鮮花保持新鮮呢？秘訣便是那間大大的雪房。花店在閣樓間了一間雪房，面積足有樓下舖位的三分之一。需要保鮮的花，便會擺在雪房中。「雪房的溫度經常維持在攝氏4度至8度之間，這是最適宜鮮花保存的溫度。鮮花放在雪櫃中，再取出來後，會耐放些，而且開得更美。」

力哥坦言，對於生客，基本上是要現金交易，祇有長期的熟客(起碼幫襯了一年左右)才會有貨期，一般都在一個月內。但顧客拖數仍是經營者要面對的問題，因此會有一定的風險存在。

貼貨辦海報力谷花籃生意

　　由於競爭大，生意難做，現時花墟有許多鮮花批發都會兼營零售，希望增加生意額，輝記也不例外。他們還會接各種開張花籃，甚至帛事花圈的訂單！「以前我們兼營花籃業務也不會特別宣傳，現在會將各種貨辦製成品的宣傳海報貼在當眼地方，讓人知道我們有這些產品銷售。」那麼，零售價錢是否較批發價稍高呢？「不，基本上一樣，雖然零售生意每一單的金額較小，但勝在全部以現金交易，可以『套現』。」

力哥給創業者的意見：

① 本身要對花有一定的認識，譬如如何令鮮花保持新鮮、如何將產品包裝得精美吸引等。

② 創業初期一定要守業，要慢慢儲一批熟客。

③ 和地產經紀打好關係，以便從他們口中知道何處有店舖開張，説不定可以接到開張花籃的訂單呢。

戶外旅行用品
鬥「Pro」不鬥平

　　「客人光顧戶外用品專門店就是覺得它夠專業，有信心，能夠得到專門的意見。」保捷行創辦人之一的梁偉倫一語道中客人不在行又怕被欺騙的心態。不少客人寧願走遠一點都要到特定舖頭買，皆因知道某店主不賣假貨，品質有保證。爬冰川要著哪款鞋？這件衫上火山頂唔頂得住？問長問短都唔會問到店員口啞啞，咁即係點呀？「Pro」囉 …

曉樂有限公司是保捷行的批發分部，經營戶外旅行
用品批發近十年。「起初我們只做本地行家的生
意，另外一些團體，如警隊、民安隊也會直接
找我們入貨。後來我們也開始批發給百貨公司
及單車店，更加入了內地、台灣以及新加坡的批
發市場。以整個批發業務而言，香港佔四至五成；
內地佔三至四成；台灣就只佔兩至三成；新加坡就
只有少量。」梁偉倫向記者介紹曉樂的發展面貌。

世界最大市場：美國

「我們貨品的主要來源地是美國。」據梁偉倫所講，美國是全世界最
大的戶外用品市場，市場已發展得非常成熟。他們入貨一定會參照美國市
場的走勢，梁偉倫更會不時親身出席一些講座展覽。

「我們的貨品可分為鞋、背包、旅行用品洗劑
及錶幾個大類。綜合所有市場，鞋類有最好的銷
量。衫褲實在有太多競爭。四周也有衫褲賣，
人們不買你的衫，還有很多很多選擇；相比
之下戶外行山鞋較專門。不過鞋呎碼多，入
貨量自然很大，那麼風險自然高。至於
香港的市場，各樣貨品的需求也較為平
均。」

近年著重手錶市場

「近一兩年我們開始注重手錶的市場。以前針對戶外活動而設的手錶可說只有 Casio；當時 Casio 的錶也不夠『專門』。好像它們的高度計只去到四、五千米；這對攀山者顯然是不足夠的，須知朱穆朗瑪峰高八千幾米。後來市面才出現較專門的戶外運動手錶，例如由我們批發，美國製的 Hi-Gear，當中已有8,000至9,000米的高度計、氣壓計，最新一款甚至能夠配合腰帶測心跳頻率。」

齊來做運動

回想起當年，沙士的影響真大。因為沙士疫症爆發，香港人不再只為要瘦身才做運動，玩戶外運動的人也多了。戶外用品相繼變得更大眾化，運動用品店激增。梁偉倫說光顧戶外用品店的客人一大部份也是行山人士。另一方面戶外比賽也越來越盛行，例如：Adventure Race(Adventure Race 是指以三項鐵人賽的比賽項目之外的戶外運動，組合而成的比賽。)或國際雷利山頭霸王越野馬拉松等，也令光顧戶外用品店的客量增加。

相比起其他國家，自助遊在香港不算普及，那參加旅行團的人對戶外用品店的生意又有甚麼影響？「主要是去一些寒冷地方前買禦寒保暖的產品。」相反振興經濟的自由行同胞對戶外用品業暫時不見有實質幫助。原因就是國內的戶外用品店舖比香港規模更大、更完善。

行山鞋要講究

記者在保捷行的網頁看到行山鞋的試鞋中心，感到甚新奇，想不到買鞋需要那麼多程序。「一般的鞋用來行平地，你在一般店裡頭走幾步也可以試到；但行山鞋用來行山就無可避免上斜落斜。行山鞋不適合自己，可能在行平地時不會發現，但當你上斜時才會知腳踝位太鬆；或者落山時才感到頂指。短時間你可能覺得問題不大，尤其是多數人都會不知不覺用自己的膝蓋等關折去遷就那隻不適當的鞋，那麼長年累月就會攘成傷患。」專業就是專業，這套服務雖然繁複但又真的符合需要；可惜引入這套試鞋設備的香港店舖屈指可數。

開舖鬥專業

「開戶外用品店不可鬥平，而是要鬥服務、鬥專業。客人光顧戶外用品專門店就是覺得它夠專業、有信心，能夠得到專門的意見。所以開店的多是自己都有玩開戶外運動，有一定知識，再因此結識一班志同道合的朋友，保持自己的客戶群。若能做到這樣，開一間細規模的戶外用品店維生是不難的。如要繼續發展就要不時留意最新的產品走勢，運動潮流。」

入貨動輒20至30萬

　　梁偉倫認為，戶外用品店大致有兩種

模式，一是著重衣著產品的地舖；另外

就是走較專業路線，非以街客為目標的二

樓舖。前者衫褲會佔至少六成；後者應著重

Equipment，衫可 以只佔三、四成。但入貨

也需要20至30萬元，似乎對小本創業的人

甚有難度；而零售的利潤大概達40%。

中國市場更大更有前景

　　梁偉倫更坦言，內地市場的潛力的確比香港還是大許多。內地已出現

很多幾萬呎的戶外用品專門店，絕非香港現存的能比擬。保捷行在香港有

多間分店；曉樂亦有多個海外市場，有這麼大的發展，問到梁偉倫是否感

滿意。梁生先作了一個謙虛的糾正：「我從來不覺得自己的業務算龐大，

看到美國那些戶外用品店竟有

三層停車場(記者也要嘩一

聲)，自己的(店舖)怎也

不見得龐大。」一個酷

愛周遊列國的人，自不

然感到一己的渺小；眼

界就自不然變得廣闊遠

大。

天生值得「寵」
二萬蚊入貨開寵物用品店！

　　有名你叫：「寵」物，當然比寵女人更來得「名正言順」，不過哪樣更值得就見仁見智。花大半份人工去寵自己寵物的主人大有人在。貓狗可以任你由頭扮到落腳，確實比寵任何人有更大發揮空間。據仙杜麗娜貿易公司發言人王渭瑩小姐指出，香港養寵物的人越來越多，加上可以小有小做，搞寵物用品店似乎是不錯的一門生意。

10000 款寵物用品

採訪時仙杜麗娜的陳列室仍在進行大整理，「我們的貨品有一萬種以上。」王渭瑩小姐稱。一時間覺得寵物的用品好像比人的還多，想真點這錯覺很易理解：至少人的時裝甚少與玩具、寢室用品混在一起賣。仙杜麗娜經營寵物用品批發已有五年時間，出口與本地市場各佔一半。出口地有日本、英國、美加及澳洲等；本地則是寵物用品零售門市，以及一些網上零售店。仙杜麗娜的貨品都是內地製造的。

波點花邊

仙杜麗娜的貨品對象就是最多香港人飼養的貓狗。問到貓狗的用品可會有大分別，王渭瑩答到：「狗的用品很多也會較大件，好像狗屋、玩具也不同。不過衫則是貓狗共用的。」看到那些貓狗的模特兒公仔穿起波點花邊、戴起珍珠頸鏈，便可知不論貓狗穿在身上沒有兩樣，都只是主人的

品味而已。據王小姐講，市面很多寵物用品店都是獨立以貓狗為對象，而沒有其他寵物的用品。「香港最多人養就是貓狗。狗就第一，其次就是貓。之外就是龍貓、倉鼠那些。」

夏天的散熱石板

哪一類寵物用品是最好賣的呢？
「衫、床墊、潔齒零食等等，其實也
很平均。」近來的寵物用品又有甚麼
潮流？「近來新出了一種散熱板。不
是用電的，而是天然的石板；夏天

寵物瞓上去會涼浸浸的，更對關節有益和有助血液循環。」小記聽到也想
「試瞓」；當然最後也沒有提出要求。「近來也多了人買門閘，即是放在
門口防止貓狗跳過的欄柵；另外頸鏈也受歡迎。」

另類仔女

「你看寵物店舖不斷增加，就知道越來越多人飼養寵物。現今香港
人少了生孩子。」我們又真的未聽過人對著貓狗說：「養舊叉燒好過養
你！」的確，養細蚊仔係會死多千倍的細胞。不過主人花在寵物的金錢又
非門外漢所能預料。「寵物用品的價格可以有很大的差別，而我們平貴的
也有(批發)。不過有錢的人也可能只買平貨；普通人也會花好多錢在寵物

用品。好像樓上貨倉的一個清
潔阿姐會花半份糧在我這裡買
東西；有的甚至更多，多得令
人難以置信。」問到這些人
是否都把寵物當成自己的子
女，王渭瑩認為養寵物的人
「Mostly」也是這樣。

太多人「走數」

到仙杜麗娜取貨一定是COD。王小姐解釋沒有數期的原因是過往太多害群之馬「走數」。「他們(走數的店主)入了貨賣，在數期前就執笠；然後又再開另一間有限公司。於是現在行內都有共識，不做數期。」仙杜麗娜的貨品也是照定價發售，熟客也沒有特惠折扣。至於零售的利潤，王渭瑩說要視乎地區而定。由50％到200％不等。

一咬會叫得好淒厲的雞

愛狗也愛狗公仔

貨品種類方面，王小姐認為有一部份是必須的：如梳、廁所、籠、衫、床墊、水樽；精品則不是必須，但近期非常流行。仙杜麗娜裡有不少狗的公仔，多數也是當「模特兒」用。不過王小姐笑說：「很多狗痴反而

是對這些狗公仔有興趣。有些零售店也會入這些毛公仔，而有些款也會賣清。他們(狗痴)喜歡狗才會養狗，而喜歡狗就會喜歡這些狗公仔；那是同一道理啦。」嗯，那麼人買人形公仔都是因為喜歡人，道理相同 ... 仙杜麗娜裡除了那些奇模特兒，還有純粹是擺設的老虎狗陶瓷發售。

二萬資金入貨

入貨的成本相當有彈性，全視乎閣下要搞多大的規模，畢竟市面也有很多小規模的寵物用品店。王渭瑩說若是只得百多呎的舖，用二、三萬入貨已足夠。不過同時賣貓狗糧的話成本會多一大截，因為入貨量多，貯存的地方也要大。起初開舖，王小姐鼓勵要多款。「Brand不用多，一種貨一個 Brand 也足夠，但款要齊。量方面可一打一打入。一款貨連Display最少要有三件貨，賣了兩件就要補貨。」

到仙杜麗娜大量入貨最少要有$1,000交易，那可以得到標價的5折(即入貨訂價 $2,000的貨品)。若同一款買一打就可得到四折的價錢。而同一款貨可混色；衫則可混 Size。王渭瑩認為零售店最緊要的是貨品擺放整齊，分門別類，以便客人選購。

兩個人可兼做美容

據王渭瑩所說，寵物用品店加入寵物美容服務最為常見。「其實成本不高，只需要美容檯、沖涼的地方、電剪、以及一個專業的美容師。不過一個人的話差不多是不可能做的；你替狗隻沖涼時又怎兼顧收錢呢？至少也需要兩個人。」

入貨成本分三級
開釣具店學問唔簡單

　　有同事對記者說這間七島釣具公司的老細在釣魚界頗有名氣。記者從不是「釣魚界別」，但在網頁上看到店長鄭斯銘曾專程到日本拜師學藝，其對釣魚的熱忱又當真叫人眼前一亮。單是「到日本拜高橋哲也為師」這十個字，已經酷到不能。造訪釣具店那天，關於釣魚的，鄭斯銘都侃侃而談。才三十出頭的他把店舖弄得頭頭是道，把興趣化成自己的事業已羨煞任何一個年輕人(尤其當你知道開業的成本)。但言談間會發現，鄭斯銘在風光背後又是一番刻苦經營。

日本取貨，新貨同步

鄭斯銘從事批發釣魚用品已有九年時間，兼營零售店也有七年。屈指一算當時才二十出頭。新貨快，是鄭斯銘的強項。鄭生以平行進口的方式從日本入貨，來貨會比正式代理商快，差不多可做到同步，而成本就自然較高。根據鄭斯銘所講，釣魚用品最高質素，而又適合亞洲人的是日本的產品；其次就是來自美國與台灣的。而七島所賣的九成是日本貨。

天狗浮子

三個層次的零售店

市面的零售店也可分三個層次：高價日本貨、中價台灣混日本貨，以及低價台灣混大陸貨。七島賣的是高價日本釣具。誠然，賣高價貨競爭是相對地少，但原來利潤最低。「日本公司的貨品有定價，我們不可以賣比定價高的價錢。買慣貴貨的客人都會在網上查資料，如果我們的價錢不合理他們會投訴。現在市道差，批發價只得定價的六五至七五折；零售價則是定價的七五至八五折。零售的利潤只得5%-10%。相反大陸的平貨利潤可高達30%。」不過，因為平價與貴價貨品質有距離，平價貨對貴價貨的市場競爭威脅不大。

人多魚少影響釣業

「這幾年間有很多釣魚用品店結業。因為利潤低,新開的也趨向是樓上舖。」影響釣魚業的不只是經濟,還有魚類生態。「其實香港的釣魚潮流是旺的。不過你知道嗎?香港是沒有休魚期的。由於漁民濫捕,魚自然少。加上經濟差了,客人買支竿幾百蚊都嫌貴。兩者都直接影響釣魚用品的生意。」鄭斯銘坦言也目睹不少朋友關門大吉。

N 種釣魚方法

一場來到怎可不上一課釣魚的入門課!「海釣的話,大致有:投釣、磯釣、船釣、路亞釣、筏釣幾大類。」投釣,鄭斯銘解釋,就是最基本在岸邊拋竿的釣法。記者隨即憶起自己腦荀未生埋時跟老豆到水塘呆坐即是投釣。船釣顧名思義就是坐船出海釣,Target的魚也會不同;筏釣就是在魚排釣。養家會每日對魚排灑餌,但實際不是每格魚排也有養魚;筏釣就是於這些吉魚排處下餌釣在周圍覓食的魚。路亞則是英文「Lure」的譯音,路亞釣就是以假餌「引誘」魚類上釣的釣法。路亞是一個大類,其中包括Casting、Jigging及專釣魷魚的餌木釣等。而磯釣,又稱浮游磯釣,鄭斯銘認為是現今最受香港人歡迎的一種釣法。

花紋精美的手造魚竿

各款魚具的 Catalog

177

最受歡迎之釣法：浮游磯釣

一向以為磯釣就是那些走到偏遠石灘，大熱天時光著上身的男人一邊乾煎一邊釣魚；原來磯釣的精髓並不在於垂釣的地方是否岩石岸邊(「磯」的意思)，而是帶有一點主動性。「例如投釣，釣者只會意圖把勾了餌的魚絲拋到魚兒活動的地帶，接下來就是等候。投釣可說是較被動的，磯釣則不然。進行磯釣時我們首先會選擇水流較急速的地方，然後定時灑餌到水裡去，讓魚餌隨水流而去。四周的魚群察覺有食物，就會向食物的來源一直前往覓食。釣者就會在適當地方用浮波連魚餌引魚上釣。相比之下是較主動的釣法。」以此也可推論，磯釣的魚穫會比投釣多，而所需誘餌甚多，成本亦會較高。

專釣魷魚的假餌

入貨成本分三級

因為兼營零售的關係，從七島入貨並沒有下限。付款主要是COD，熟客可有30日數期。之前提及那三個檔次的零售店，開業的成本也差天共地。做低價中台貨，入貨成本若20至30萬；中價日台貨則要50至60萬；而高價日本貨需要100萬以上。「一個魚絞、一枝竿動輒要幾千，你說需不需要一百萬？我曾見過一些人用60萬入高價貨，貨品顯然不太齊全。」有這樣多的釣魚方式，而釣具也有不同，零售店又有沒有分？鄭斯銘說日本才有；香港店一般都是「全包」，但會有所偏重。這視乎店舖老細自己的「偏愛」與「強項」。

唔識冇得扮

　　「開舖的話你自己一定要識多種釣法，要估計自己可以 Sell 幾多種釣法。情況好簡單，好像有客來買假餌，佢就會問：『呢隻得唔得㗎？... 有冇試過先？』你自己識，有玩才可以 Sell 到客。」事實上在訪問其間都不斷有客人詢問諸如此類的問題，當然難不到「到日本拜高橋哲也為師」的鄭斯銘。

寓工作於娛樂代價高

　　「除此之外，要與船家混熟。因為好天的話我們差不多每星期也搞釣魚團。要開發新商品，因為客人都要求新鮮，不可令客人感厭悶。但因為同時要賣舊貨，所以要平衡得好，否則會有死貨。」生意始終難做，鄭斯銘說賣一個假餌可能賺廿蚊，卻分分鐘得不償失。「我出一次釣魚團釣魚也可能不見兩三個(假餌)，一個假餌也可能值一兩百蚊。還要計船費、餌錢、午餐費用，去一次也可能花近千元。」如果仍能維持賺錢，又能夠放鬆心情，寓工作於娛樂總算不錯。

新款魚絞

嘆茶修身攻陷女人心
漢仕花果茶

要參加乜乜修身計劃，動輒要五位數字(四位那些可能是拋磚引玉）；若果嘆杯茶也有成效，一試又何妨？怕且不得不承認飲歐洲花茶比飲涼茶典雅有品味，加上可以美容減肥，實不難贏取女士們的支持。代表漢仕花草茶的繆沛明向大家解說，花茶並不是一時興起的潮流產物，這種香港人的新玩意已存在了幾千年。

漢仕花草茶

　　漢仕花草茶經營歐洲花茶批發已有兩年多，旗下超個40種花茶貨品皆由世界最大花茶廠 — 德國 Martin Bauer 入口。漢仕的客戶主要是香港的花茶店、車仔檔，亦有小量出口內地。繆沛明說漢仕所有花草茶也有德國的化驗證書，而為了確保在運送途中沒有變壞，產品到港後會再作檢驗。兩重證書，確保食用安全。

歐洲「千年之戀」

　　花果茶在歐洲其實已有幾千年歷史。和中國山草藥相同，在成藥流行之前歐洲人一直利用花草茶作食療藥用。時至今日，花草材料仍會用於製藥，例如醫生會以馬鞭草製成去水腫的藥丸。因此花草茶的食療功效絕對不是潮流的噱頭而已。「現今在香港最受歡迎的花茶種類為粉紅玫瑰、洋甘菊、薰衣草及馬鞭草等，主要是因為美味，同時有減肥美容之效。另外果粒茶除了美味也可作解渴凍飲，銷量也高。」

　　除了花草茶外，漢仕亦有批發花草湯底。現時也有不少酒樓與火鍋店向漢仕入貨。繆沛明說花草湯底並不會和任何火鍋食物「相沖」，但如懷孕女士、身體過份虛弱者則不適宜食用某幾種花草材料，食用或購買前應該可向零售商查詢。

東西較量

　　五花茶、菊花茶 ... 中國的花茶大家當然不會陌生。只是我國傳統可能會給某些人老土的感覺，歐洲貨就格外有品味。呷一杯薰衣草茶像頗有品味；飲一杯金銀花白菊花就可能沒甚Elegant的感覺。究竟東西兩面的花茶實際有甚麼不同？繆沛明認為，一般來說歐洲花茶比中國花茶優勝的地方是：中國花茶品質檢定較差。另外食用時歐洲花茶亦較方便，加糖沖泡即可飲用；中國花茶多要煮，或要加配料一起煮。但不容否認，在某些醫療效用而言，中國的花草茶效用的確是比較強。

查實幾時開始興？

　　歐洲花草茶在香港已興了一年有多。當初香港興起一陣健康食品潮，其中有很多都是以藥丸出現(好像甚麼鯊魚丸、靈芝苞子、美顏寶 ...)，當中也有由藥用花草製造的。「食藥丸」既不享受，更是毫不滋味；藥丸本身亦給人化學製品的感覺。漸漸香港人希望嘗試以較天然和享受的方式食用，花茶的潮流遂應運而生。多年前電視台更製作了以花茶為主題的劇集《心花放》，其間也多了客人向漢仕詢問花茶的資料。

入貨知多 D

繆沛明說漢仕批發以1千克為單位， 5千克即有九折； 10千克則有八五折。通常都是現金交易，熟客才會有數期。漢仕除了提供各種既定的茶葉和湯底組合，也可替客人調製各類全新的配搭。「我們也會不斷引入有潛在市場的花茶種類。」歐洲花茶歷史源遠流長，事實上在香港受歡迎的花草茶種類只是歐洲花茶種類的一部份。另外漢仕也可為客人訂造特別呎吋的茶葉袋，但數量要有幾千個以上。

最令有興趣辦花茶零售創業者恩惠的，就是漢仕的創業套餐。「我們可為創業者提供所有開舖需要的花茶貨品，包括：花茶、茶葉、包裝、茶具、各種器皿及宣傳品。而我們也可替各下製作印有自己商標的原廠宣傳單張。」

開舖入貨要款多

「取貨越多款越好，香港人喜歡多款。款多放出來才好看，太少款給人不夠實力的感覺。如果是門市應該至少要入30-40款，茶具則適宜入10款以上。好賣的花茶種類可入1至5公斤；其他每款先入1公斤就足夠。」繆沛明認為預1萬至4萬元入貨比較好，因為如粉紅玫瑰那些去貨會很快。車仔檔通常也會入廿多種貨，若花幾千元。

花茶的保存又如何呢？「花茶不宜密封包裝，因為這樣會壓碎乾花。貯存一定要避開潮濕的地方；若放於冷氣房可保存一年。」在漢士的網頁上看到「別怕小蟲子」的建議，指用家毋須懼怕花茶上的小昆蟲。繆沛明解釋，花茶上的蟲，就如蔬菜上的虫，只代表蔬菜/花茶沒有農藥。而茶壺的茶隔也會把蟲子隔開，不致飲入體內。

中西茶Crossover

繆沛明指出香港花草茶的零售商主要也是從本地批發商入貨。若要直接從歐洲供應商入貨要一次取500千克，台灣的零售商才有可能吸納如此龐大的貨量；香港零售商多承受不起。

「花茶與茶葉的零售利潤相同，可有三至十倍。」繆沛明對歐洲花草茶的前景持樂觀態度。「歐洲花草茶的對像以20-40歲的女士為主，相信她們也會一直支持下去。(歐洲)花茶沒有咖啡因，沒有茶鹼，非常健康。」最後繆生給零售商一個貼士：「將歐洲花茶與中國茶葉一起賣生意會更好。」香港人還是愛多款，而兩類客人還會「Crossover」，使兩類貨品增加銷量。中西茶也可配搭飲用，如中國紅茶配金桂花、粉紅玫瑰配鐵觀音、烏龍配金桂花。

用手機Scan走格仔
你就可以天天HAPPY

一秒變身做老闆
電視廣告 網上宣傳 手機營銷 活動推廣
專家教你小本借勢壯大搶生意
錢搵錢推廣完全教學
教你搵明星借力
零成本搞宣傳
係咩情況下可以把華仔免費變成鋪頭生招牌？
雙語公關書函樣本參考
教你用獨家網站
平搵大學生Promoter
拆解Facebook屆機招
唔俾錢偷偷封你Fans
教你用EdgeRank Checker
FB專頁Fans谷底回升
香港搞宣傳必讀
100%香港勁料
教你訂造人扮卡通大公仔
搵醒獅表演要注意些什麼
辦活動點搵魔術師搞氣氛
宴會鮮花襟花供應商訪問
汽車巴士租賃供應商訪問
食物到會服務供應商訪問
教你$0成本製作手機QR Code
創意搵錢QR Code應用實例
如何吸引人掃描QR Code條碼
詳盡教路